**孫と一緒に
サイエンス**

数って
不思議!!…∞

1+1=2?
で始まる
数学の世界

蟹江幸博

[著]

近代科学社

◆ 読者の皆さまへ ◆

平素より，小社の出版物をご愛読くださいまして，まことに有り難うございます．

㈱近代科学社は 1959 年の創立以来，微力ながら出版の立場から科学・工学の発展に寄与すべく尽力してきております．それも，ひとえに皆さまの温かいご支援があってのものと存じ，ここに衷心より御礼申し上げます．

なお，小社では，全出版物に対して HCD（人間中心設計）のコンセプトに基づき，そのユーザビリティを追求しております．本書を通じまして何かお気づきの事柄がございましたら，ぜひ以下の「お問合せ先」までご一報くださいますよう，お願いいたします．

お問合せ先：reader@kindaikagaku.co.jp

なお，本書の制作には，以下が各プロセスに関与いたしました：

・企画：小山　透
・編集：小山　透，高山哲司，安原悦子
・組版：藤原印刷 (LaTeX)
・印刷：藤原印刷
・製本：藤原印刷 (PUR)
・資材管理：藤原印刷
・イラスト：坂下京子
・カバー・表紙デザイン：藤原印刷
・広報宣伝・営業：山口幸治，東條風太

・本書に掲載した写真等で出典を記載していないものは「public domain」として扱われているものであり，Wikipedia より引用した．
・本書に掲載されている会社名・製品等は，一般に各社の登録商標である．本文中の ©，®，™ 等の表示は省略した．

・本書の複製権・翻訳権・譲渡権は株式会社近代科学社が保有します．
・ JCOPY 〈（社）出版者著作権管理機構 委託出版物〉
本書の無断複写は著作権法上での例外を除き禁じられています．
複写される場合は，そのつど事前に（社）出版者著作権管理機構
（電話 03-3513-6969，FAX 03-3513-6979，e-mail: info@jcopy.or.jp）の
許諾を得てください．

はじめに

　$1+1=2$ がなぜ成り立つか，分からないと思う人はいないだろう．むしろ $1+1=2$ が謎だと言われることのほうが謎であるかもしれない．しかし，なぜ成り立つのかを問われたとする．そのとき，謎ではないことを納得させ，言い聞かせることはそれほど簡単なことではない．簡単だと思うのなら，一度やってみてほしい．やろうとしてみればすぐに，その難しさに気づくことだろう．

　本書は，なぜ $1+1=2$ となるのかと孫に問われ，説明しようと思ったが納得させる方法を思いつかない熟年に向けて，なぜそれが難しかったのか，そしてそれをどう克服したらよいのかを，ゆったりと話し合いながら進めていくという構成になっている．

　だから，$1+1=2$ の説明ができる人はこれ以降の「はじめに」（著者の挨拶）については読む必要はない．そして $1+1=2$ がどうこうということを忘れて，老若が入り交じった知的会話を楽しんでいただきたい．著者の挨拶などは飛ばして，会話文からなる随筆のような本文（のプロローグ）にお進みください．プロローグは会話を成立させている舞台設定であり，第 1 章からの登場人物に対する予備知識にもなっている．

　また，手っ取り早く $1+1=2$ の理由が知りたいと思われる方や，講釈はいいから早く楽しませろと思われる方も，どうぞプロローグへお進みください．

　それでも，もう少し予備知識がないと本書を読む気にはなりにくい方もおられるだろう．そういう方のために，本書を書くに至った経緯を書いておくことにしよう．

　本書は「孫と一緒にサイエンス」というシリーズの一冊として企画された．そのため読者が自分で納得するだけでなく，それを他人（孫）に納得させることができるようにする，ということも目標としている．また，孫を直接説得するにしても，熟年と若年では納得のあり方もその深さも違ってくる．だから，素直に $1+1=2$ の説明を一通り書いただけでは十分ではないということになる．

　なぜ $1+1=2$ となるのかという疑問が呈せられることは確かにある．であれ

ば，そういう疑問が起こる理由も，それを解決するために膨大な時間と努力が必要であることを，さらにそれが当り前になったために $1 + 1 = 2$ であることの必然性すら忘れられた歴史や状況を納得してもらわなければならない．

人は正しいことだからといって納得してくれはしない．論理学を作ったと言ってよい古代ギリシャのアリストテレスも，論理的に正しいからといって人間社会では正しいとは限らないと言っている．$1 + 1 = 2$ を間違いだと思う人は今の教育を受けた人にはいないだろうが，それでも人間社会ではそうならないこともある，と感じることもないではないだろう．もちろん，数学での正しさと，社会での正しさが違うと言ってしまうことはできる．できはするが，そう言ってしまえば，かえって不信感を招くかもしれない．

一言で言えば，議論の前提が違うのだから，違う結論になっても仕方がない，というか，違うのはむしろ当然のことだ，と言うこともできる．しかしそこで問題であるのは，異なる前提で考えていることを意識しないまま，議論に突入してしまうことである．このようなことは，社会においては，実にいたるところで起こっており，前提の違いからくることなのに，というか前提の違いからくるからこそ，議論の正しさではなく，その前提を大声で言ったほうの側がその後の議論を制することになったりする．

本書に与えられた課題はとても難しい．が，やりがいのある挑戦でもあった．本書がそれに成功しているか否かは，読者に判定していただくしかない．

【内容の紹介】

数学関連の本としては珍しい書き方であるため，何が語られているのか不審に思う人もいるかもしれない．そういう人のために，少し内容の紹介と説明をしておこう．

本書の体裁はドラマの台本のようになっている．本文の欄外に書かれていることには，内容の注釈も，登場人物の独白もあるが，その時点の登場人物には知りえないもので，聞いているのは読者だけであるという設定になっている．

プロローグは Dr.K の高校の同窓会である．小森という友人が，孫に $1 + 1 = 2$ の理由を教える羽目になり，教えられないことに気づいて愕然としたことの告白があり，Dr.K に来宅して，自分と孫に説明することを依頼する．プロローグの終わりには，登場する小森家の家系図がイラストともに描かれている．そこには Dr.K のイラストもあるが，著者とは似ても似つかぬ姿であることはご承知おき願いたい．

第1話は第1日目の描写である．何かがいくつあるということを言うためには
どういうことを了解しておかねばならないかから始まる．数えられるモノはどう
いうものであるか，数えるとは何をすることか，モノの変化，モノの集まりの変
化をどう表したらよいのか，などを考える．また，それらのことを自分で納得す
るだけではなく，他人を納得させるためには何が必要なのかを考える．

数学の言葉としては，集合，空集合，集合の幽霊，一対一対応があり，その大
まかな使われ方が述べられる．

第2話は第2日目，第3話は第3日目の描写だが，この2日は連続している．
第2話には簡単な集合の演算の話もあるが，一番大切なテーマはモノとモノの名
前との関係である．犬とバラを例にして詳しく議論される．

そして，リンゴが何個，バラの花がいくつということを普遍化して，数という
概念がモノの集まり方の様子を表すものであるにもかかわらず，モノとは直接関
わりのない普遍的なものとしてとらえられること，そしてその名前がどのように
関わっているのかということが議論される．

数の読み方，数の表し方，文字によるものと言葉によるもの，文字によるとし
ての違い，メソポタミアの楔形文字，エジプトの象形文字，ローマ数字，漢数字，
マヤ文字，さらにはインカのキープなどの表記についても述べられる．日本語で
の数の表記，読み方についても，算木での数の表し方や計算法も述べられる．ロー
マの溝そろばんやアラビア数字での計算法の発展やフィボナッチの話もある．0
をゼロと呼ぶようになったこと，ウンベルト・エーコの『薔薇の名前』について
も一言ある．

実際には1足す1が2になることも2にならないこともある．むしろならな
いことのほうが多く，なるのは何かしらの保存量を議論しているときだけである
ことが，多くの例を挙げて述べられる．そして，それに多少の教育論が混ざる．

第3話はその翌日のことで，昼までの半日と決まった．大学での数学的な取り
扱いを含め，2日目に話題となったペアノの公理とその集合論的表現から始め，自
然数を構築し，一気に$1+1=2$を示す．10進表記により，すべての自然数に名
前を付ける．さらに，$+n$を定義し，結合法則と交換法則を示す．その上で，10
進表記された数の足し算を定義する．この部分の証明は見たことがなかったので，
無手勝流で行った．あまり奇麗ではないが，どうしようもないのかもしれない．

自然数の存在と一意性の議論もしたが，大学初年級の集合論の講義のダイジェ
ストのようになってしまった．この部分は，集合論の教科書を見ながらでないと
難しいかもしれない．第3話がちゃんと理解できれば（ゆっくりじっくり読み進

めれば分かるだけの内容になっているが），集合論の講義の合格点はもらえるだろうくらいのレベルになってしまった．ページ数の制約上やむを得なかったが．最後に付録という気分で有限集合の元の個数の定義をした．

本当のおまけに，帰納法にまつわるパラドクスをいくつか紹介した．パラドクスが面白いからといって，本書を読んでない人を煙に巻くような悪趣味なことはなさらないようにお願いしておく．

最後に人名索引と事項索引をつけた．人名には原綴りをつけてある．日本人には読み方の代わりにローマ字表記をつけた．ギリシャ人にはギリシャ語表記も追加した．事項索引にも英語表記をつけたが，日本語の同字（音）異義を確定する役にも立つと思う．

読者には色んな角度から，色んな気分で楽しんでもらえるようにしたつもりだが，かえって煩わしいと思う方もいるかもしれない．その場合は，読み飛ばしてもらえばよい．すべての細部を理解していなくても落語は楽しめるものであるし，本書もそういうジャンルのものだと思ってほしい．何度目かに読み返したとき，ニヤッと笑ってもらえるなら，望外の幸せである．

2018 年 8 月 　　　　　　　　　　　　　　　　　　　　　桑名にて

　　　　　　　　　　　　　　　　　　　　　　　　　　　　蟹江　幸博

目　次

はじめに iii

プロローグは同窓会で 1

第1話　$1+1=2$ を考える前に 7

1.1　知識よりも大切なこと 7

1.2　1とは何か 11

1.3　2とは何か 16

1.4　同じということは？ 18

1.5　2つでだめなら5つにする 22

1.6　5つのリンゴは5つあるのか？ 26

1.7　5つでだめなら100にする 28

1.8　あるのかないのか，理論と現実 32

1.9　5つのリンゴは集合になるか？ 34

1.10　突然ですが，集合ってなんですか？ 38

1.11　話すのは数学のこと 39

1.12　本当に，5つのリンゴは集合になるのか？ 44

1.13　集合の幽霊を見る前に 45

1.14　集合の幽霊 57

1.15　食事の間も 67

1.16　小森のメモ帳 71

第2話　数の名前 73

2.1　「包含関係は砲丸関係？」と「モノは集合になるか？」
と 73

2.2　バラの名前がバラでなくても 81

2.3　モノとモノの名前：バラの場合 84

2.4	バラが何かと，1 が何かとの違い	. . . .	88
2.5	名前の向こう側	. . . .	92
2.6	美音，登場	. . . .	94
2.7	自然数の定義	. . . .	103
2.8	恐竜あらわる	. . . .	110
2.9	竜人が分からないことは？	. . . .	114
2.10	ロクヒャクとロッピャクと	. . . . . .	118
2.11	1 を表す字	. . . .	127
2.12	メソポタミアの数字	. . . . . .	127
2.13	マヤは 5-20 進数	. . . .	128
2.14	数の書き方のいろいろ	. . . .	130
2.15	漢数字は古代中国で	. . . .	132
2.16	算木は計算の道具	. . . .	132
2.17	算木で足し算	. . . .	136
2.18	ローマ数字	. . . .	139
2.19	今日の食事もにぎやかで	. . . .	143
2.20	1 足す 1 は 2 にならない！！	. . . .	147

第 3 話　　1 + 1 = 2 は自然数の世界の中で　　159

3.1	さあ，数の話だ！	. . . .	160
3.2	1 とは何か	. . . .	166
3.3	10 進表示の次の数	. . . .	174
3.4	これが自然数で，計算できるの？	. . . .	182
3.5	自然数って本当にあるの？	. . . . . .	192
3.6	食事中なのにガンガン数学が始まる	. . . .	194
3.7	今回はこれで終わり	. . . .	201

エピローグ　　209

人名索引　　216

事項索引　　218

プロローグは同窓会で

　還暦になって，Dr.K は久しぶりに高校の同窓会に出てみる気になった．男ばかり 200 人近くの大宴会で，胸の名札がなければ思い出せない旧友も大勢いる.

　二次会のホテルのロビーでのことだった．何人かずつが輪になってソファーにゆったりと座り，少し落ち着いた会話を楽しんでいた.彼の背中合せのグループの中に小森均がいた．Dr.K とは大学も同じだったが，小森は経済学部で，キャンパスは Dr.K の理学部とはバス通りを隔てた反対側だったし，大学における滞在時間帯がずれていたのだろうか，大学時代にはほとんど道で出逢いもしていない.

　その小森が大きな声で話している．Dr.K が聞くともなく聞いていると，どうやら孫の話らしい.

　「いやあ参ったよ！　孫にさ，1 足す 1 はなぜ 2 になるのって訊かれてさ，はじめは冗談かとも思ったんだが，どうやら真面目みたいなんだ．それでさ，俺も真面目に答えようとはしてみたんだが，はたと思ったね．俺も知らねえぞ，そんなこと.

　俺も悪かったんだ．つまりさ，息子やなんかに説教することがあるじゃないか．1 足す 1 がいつでも 2 になるというような商売をしてちゃだめだ．3 にも 5 にもなるように心がけて初めて 2 になってくれる．同じことばかりやってちゃ，1 足す 1 は 1 にもなるし，下手をすると 1 を切ることだって起こるなんて，まあ，分かったふうなことも言うじゃないか.

　それを孫が聞いたらしいんだな．孫は俺に似て，というか，俺に似ず，ちょっと賢くってな．真面目な顔をして，母親に訊いたらしいんだ.

　学校だと 1 足す 1 は 2 でないと間違いなのに，どうしておじいちゃんはあんなことを言うの？　大人になると，1 足す 1 は 2 になった

りならなかったりするの？学校の勉強は大人になると役に立たないの？

こんなこと訊かれりゃあ，困るわな．それで，嫁が俺のほうに振ってきたのさ．こんなことを言っていますが，間違ったことを覚えては困りますので，きちんと教えてやってもらえないでしょうか，ってな．学校が信頼できないと思うようになると，勉強を嫌いになるかもしれませんし．それが心配で，なんて言われてさ．

俺が蒔いた種でもあるし，放っておくこともできないだろう．俺も考えたさ．確かに1足す1が2じゃないって覚えられちゃあ，困るよな．俺だってさ，1＋1＝2が当り前だからこそ，当り前なことばかりしてちゃダメだと言ってただけなわけだよ．もちろん，1＋1＝2自体を疑っているわけじゃないやね．

疑っているわけじゃあないが，説明しようってことになると，何が問題なのかということも分からんのだなあ，これが．」

できるってヤツがいたら答えてみろとでも言うように，話し相手たちを見回していたが，ふと視線が後ろを向いたとき，Dr.K を見つけて，小森の表情が変わった．

「おいK，いいところにいた．お前ならできるよな．昔数学が得意だったもんな．そういえば，数学の教授やってるっていうじゃないか．」

Dr.K としてはとんだ災難である．大会社の社長をやってるせいか，小森は身振り手振りも大仰で，威圧するような感じを与える．声も大きい．が，Dr.K も伊達に長い間教師をやっているわけではない．大声を出す悪童相手に怯んでもいられない．

「昔なら，お前だって数学はできただろうに．僕だって，特別に数学が得意だったわけじゃない．それに今やってる数学は小学生に1＋1＝2を教えるためのもんじゃないんだがなあ．」

「何言ってるんだ．1＋1＝2が教えられなくて，数学の教授でございと威張ってるわけにはいかんだろうが．」

「別に威張ってもいないし，威張るほどのもんでもない．だが，1＋1＝2を小学生にちゃんと分かってもらうというのは易しいことじゃないんだ．

君はさっき，何が問題かも分からんというようなことを言っていたが，まさにそこが問題なんだよ．それを分からせるのが難しいんだ.」

「ほう，まるで禅問答だな．小学生に教えるのが難しいのか，俺に教えるのが難しいのかってことが分からんが，ともかく難しいってことなわけだな．だから教えたくないのか？」

「教えたくないわけじゃないさ．大学にいたって基本的には教師だから，教えることは好きだよ．分からんというヤツに教えるのは特に大好きだ．そんなヤツがフッと分かったという顔をする瞬間，そういうのを見るのは実に教師冥利というものだ.」

「じゃあいいじゃないか．教えてくれよ．孫にも嫁にも，ひいては息子に対しても大きな顔ができんのだ.」

「本当に簡単じゃないんだ．君は，簡単じゃないってことを信じてないだろう．面倒くさいからって躊躇ってるわけじゃないんだ．それに，君を納得させるってことだけなら，やってできないことではないと思うんだがね，そのあとで君がお孫さんに納得できるように話ができるかっていうと，それはずっと難しいことになるというか，たぶん無理だろうね.」

「ハハッ，はっきり言うなあ．でも，そういうものかもしれん...うん，それもそうだな．それにな，孫のこともあるんだけど，俺もどうやら人生の峠は越えたし，数学がもっと分かっていたら人生も変わっていたかと思うことがあるんだ．いい機会だから，ちゃんと考えてみたいという気持ちもなくはない．

じゃあ，こうするか．お前が直接孫に教えてやってくれ．俺はそばでそれを聞いてるってことにする．孫と俺の特別家庭教師ってことでどうだ．来てくれれば美味いもん，食べさせてやるからさ.」

Dr.K は嵐のように変わっていく展開に振り回されて断ることもできず，まあ楽しんでもいたのだろうが，とりあえず一度という話が，いつの間にかまとまっていた．小森は立ち上がり Dr.K に握手を求めた.

そのとりあえずが翌週のことになり，Dr.K が小森の家に出掛ける約束がいつの間にかできてしまっていた．高校時代にも行ったことがなかったのに，と言いながら，Dr.K もそれほど嫌そうな顔はし

Dr.K が引き受けないでほしいと思っているのは後見の私だけだろう．引き受けるとなったら，黒子の仕事は大変そうだ．本当に難しいな．そもそも 1 とは何かを分からせないといけない．2 とは何かだって易しくない．＋が何で，＝とはどういうことかも小学生に教えるのか？前の 1 と後ろの 1 が同じか否かなんて問題を理解させるってことが K にできるのか．お願いだ K さん，断ってくれ！！

ていなかった.

　これが,この話の発端である.このあと,小森家を訪問し,$1+1=2$ の話をすることになるのだが,1日では終わらず,とりあえずの決着までに3日もかかるということになってしまう.どうしてそれだけの時間がかかったのかは本書を読んでいただくしかないが,一番問題だったのは言葉の問題だった.Dr.K は数学しか語れない.それが最大の問題なのだった.

　多くの人が登場し,テーマもどんどん広がってゆき,紆余曲折をたどって,Dr.K 自身の数学が問われる展開になっていく.そのことを,このとき,神ならぬ身の Dr.K には知る由もなかった.そして,その時間が過ぎたとき,一番変わったのは,もしかすると,小森の孫でも小森でもなく,Dr.K だったのかもしれない.

すべてを知ってる私にもわからなかったのだ!

　とうとう,始まることになってしまいました.わたくし,本当は黒い衣を着て控えているので黒衣と申すのですが,なぜか黒子と呼ばれることが多くなりました.

　このお芝居,始まった以上,誠心誠意,務めさせていただきます.これ以降は常に,袖に控えておりますので,宜しくお願い申し上げます.

登場人物

小森 均 （Dr.K の友人）

小森正人（小森の孫．俊子の息子，マー君，中学 2 年生）

小森美音（小森の末娘，大学 2 年生，教育学部国語科）

小森貴美子（小森夫人）

小森俊子（小森の長男の嫁，正人の母）

早川竜人（小森の孫．理香の息子，タッチャン；小学 1 年生）

早川理香（小森の長女）

Dr.K（小森の友人．教育学部在職中の数学者）

黒子（この三幕劇の舞台作者であり進行係である．台詞では表せ
　　ない背景や著者の思わぬ独り言など作中人物とは直接かか
　　わりないことをお知らせする．ときどき黒子は見えなくなる
　　が，いつも舞台袖にいる．）

小森家家系図

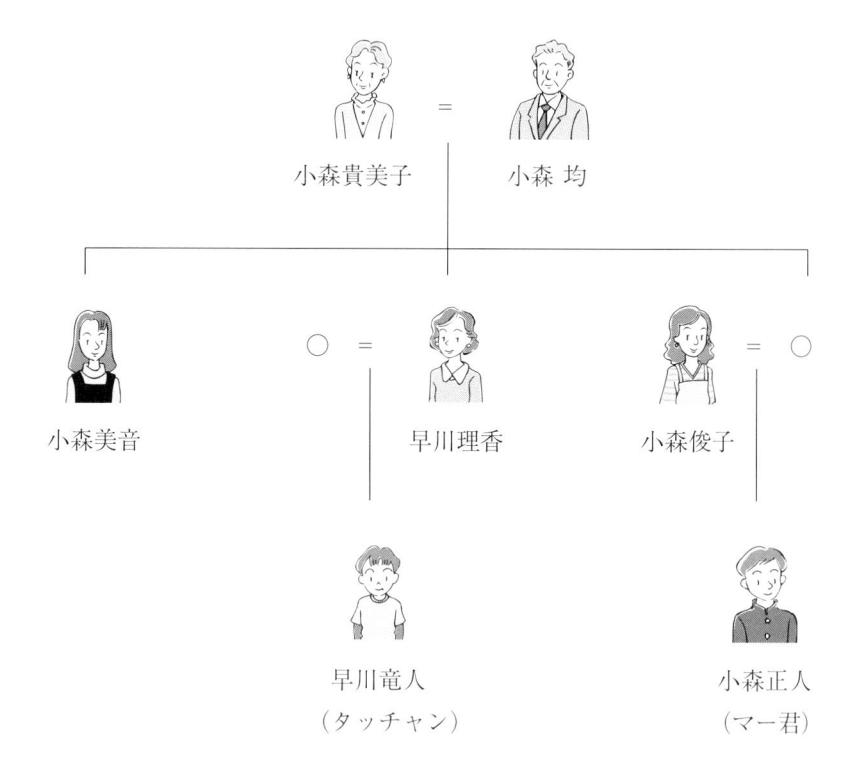

第1話　1＋1＝2を考える前に

　小森からのメールに添付された地図を持って，**Dr.K** は朝から N 市に出かけて行った．二人が通った高校も N 市にあり，当時は **Dr.K** も N 市に住んでいたのだが，N 市の中心部にこれほど緑の多い静かな地域があったことを **Dr.K** は知らなかった．

　玄関で案内を請うと，庭を回って書斎兼応接間といった感じの部屋に通された．隠居部屋でもあるまいに，陽当りが良く，何も考えずにぼんやりと過ごすにはよさそうだが，ものを考えるのにはあまり適当とは思えない．客ではなく，友人としての扱いなのだろう．

　小森の細君ではなく，お嫁さんがお茶と和菓子を持ってやってきて，あとから中学生らしい男の子が入ってきた．今日はよろしくと簡単な挨拶だけで母親は下がっていき，**Dr.K** と小森とその孫の三人だけになった．長い一日になりそうだ．

マー君の勉強に大学の先生なんて，何を教わるんでしょうね．気になるわねえ．お義父さんのお友達だそうだけど，今まで，会社関係の方以外に誰もいらっしゃらなかったから，どうしていいかわからないわ．

1.1　知識よりも大切なこと

さてさて，今日はこれからどうなることやら．高校時代，K とはそれほど親しいわけじゃなかったが，こんなことになるなんておかしなもんだな．

小森：K，これは正人というんだ，宜しくな．T 中学の 2 年生だ．俺たちの後輩ということだな．見てると何だか，俺たちの頃のようには勉強してるように見えないんだが，どうなんだろうかな．

　それに，今になって言うのもなんだが，実は 1＋1＝2 のことを訊かれたのはもう何年も前のことでね，あの時は成り行きでそれを言いそびれてしまって，失敬した．それであのあと，家に帰ってこの子に確かめてみたら，ぜひ教えてもらいたいということなので，そのまま君には何も言わずに来てもらったんだ．

　正人，こちらはおじいさんの友達で，大学の数学の先生だ．今日はお前に，1 足す 1 が 2 になることを教えるために来てくれた．挨拶をしなさい．

正人：小森正人です．よろしくお願いします．あのう，最初に１つだけ，お訊きしてもいいですか．大学の数学の先生がどうしておじいさんの友達なんですか？

小森：どうやら，母親にきつく言われてるみたいで，言葉遣いだけは，いつもと違って，信じられんくらい馬鹿っ丁寧だが，言ってる中身ときたら，まったく礼儀知らずで，困ったヤツだ．のっけから，被った化けの皮が剥がれたようなもんだ．

　まあ，こんな子だが，よろしく頼む．

Dr.K：まあまあ，それくらいで．そのうち自然にほぐれてくるさ．

　さあてと，君はマー君というんだってね．中学生なのに，そう呼んでもいいのかな．

正人：はい，けっこうです．家の中じゃあ，そう呼ばれていて，一番自然なものですから．今日は，よろしくお願いします．それで，僕のほうは，なんとお呼びしたらいいでしょうか？

Dr.K：こちらこそよろしくね．

　僕を呼ぶときはまあ，今日のところは先生でいいかな．初対面だからね．おじさんとも言いにくいだろうし，緊張してるみたいだね．ずるずるでもいけないけど，どちらかと言えば，緊張しないほうがいいんだ．緊張すると頭も固まって，新しいことが入っていきにくいからね．リラックス，リラックスだよ．

　いやあ，しつけのよい子じゃないか，小森．僕の子供たちなんかとはえらい違いだ．

小森：そりゃ，俺の孫だからな．

Dr.K：マー君，おじいさんとはね，中学生のときに友達になったんだよ．友達が大学の先生になったんだ．大学の先生が友達になったわけじゃないんだ．

小森：相変わらず，理屈っぽいヤツだなあ．

Dr.K：君に説明しているわけじゃない．マー君には分かりにくいだろうと思っただけだ．

小森：まあ，今日はお前が先生だから，いいことにするか．じゃあ，早速だが，１足す１が２になることを教えてやってくれ．

Dr.K：せっかちなヤツだなあ．そんなに簡単に教えることができないことだって，あれほど言っておいたじゃあないか．大体，教え

大学の先生が友達だなんて，本当なのかな．おじいちゃん，ときどき嘘つくからなあ．

　１＋１＝２なんて当り前のことを，わざわざ大学の先生に習うようなことなのかなあ．僕が訊いたことから始まったんだけど，大げさなことになって，ちょっと困ってる．嫌なわけではないんだけど...

ここで小森さんのペースに乗ってしまうとほかがやりにくい．目標だけあるアドリブ主体のこんな芝居をどう仕切ればいいのか，悩ましいところですね．こんなに個性の強い役者を揃えなくてもよかったのにと思うのですが，とにもかくにも始まってしまいました．

られるようなことじゃない.

小森：教えられるから，来てくれたんじゃあないのか.

Dr.K：そもそも「1足す1がなぜ2になるか」なんて質問は，普通，子供から出るもんじゃない. むしろ君が言わせたというか，そうだな，確立された体制に挑戦しようとする底意が感じられるようなことですらある.

小森：だからな，それは孫が訊いたことで，俺がそそのかしたわけじゃないんだぞ.

Dr.K：いや，君が変なことを言わなければ，そんなことを訊くわけがないんだよ. 彼らにとって，それは当り前のことなんだから.

　　幼児が数概念をどのように獲得していくのかなんて話をしているわけじゃない. 言葉よりも数概念を理解するほうが早い子もいるだろうし，その反対の子もいるだろう.

小森：人はそれぞれで，そりゃいろいろあるだろうな.

　　そうすると，赤ん坊が最初に獲得するというか，外界に対して認識するのは何なんだろうなあ.

Dr.K：親の表情だろうね.

小森：え？

Dr.K：それはともかく，何もなければこういうことを子供が訊くことがないという説明をしておこうか. 1足す1がなぜ2になるかという質問を，質問自体をだよ，成り立たせるためには，まず何より，1とは何か，2とは何か，そして足すとは何か，さらに言うなら「になる」とは何かということが了解されていなければならない.

小森：そりゃ，そうだろうけどな.

Dr.K：そしてね，それが了解されているなら，1足す1が2であるというのは，否定することなど考えることもできないほどに明らかなことなんだよ.

小森：それは納得できんな.

Dr.K：1足す1が2じゃないなんて，思ってもいないだろうに.

　　ま，ここで君を納得させても仕方がない. お孫さんを納得させるのが目的なんだから. お孫さんに説明するから，しばらく聞いていてくれ.

　　さてと，じゃ先生のほうを向いてくれるかな.

Dr.K はどういう話しをするかを考えてはこなかったようだ. アドリブ主体でと言われてはいるが，筋書きを知らないと，後見のしようがない. 本当に大丈夫だろうか.

ともかくって？ ああ，冗談だったのか. おじいちゃんとこの人，本当に友達だったんだなあ. おじいちゃんをからかう人なんて，初めて見た. 今日は面白くなりそうだなあ.

これはまた，K も大上段に始めたもんだな. 成り行き任せなのか，プランがあるのか，後で幕間に打ち合わせをしなきゃな.

10 　1 1＋1＝2 を考える前に

　　正人は食い入るようにして，**Dr.K** と小森を等分に見ている．格
闘技でも見ている気分なのだろうか．

E. シュレーディンガー
(1887–1961)．量子力学，
特に波動力学を創造．素
粒子は存在確率でしか規
定できないとする考え方
（粒子は波である）を定式
化した．

Dr.K：小森，少しでいいから黙っていてくれ．今からこの子の理
解の仕方やレベルを確かめるためにいろいろ質問するが，君が横か
ら口を出すと，それによってこの子の反応が変わることが起こりう
る．この子の本当の状態が分かりにくくなるんだ．それでは困るん
だ．いいね．

小森：なるほど，シュレーディンガーの猫か．

Dr.K：文科系だったくせにまた，えらいことを知っているな．

正人：あのう，その猫というのは何ですか？　僕が猫だということ
ではないですよね．

Dr.K：ほら，小森が余計なことを言うから，この子が混乱するじゃ
ないか．こんなことを言われたら，誰だって気になるだろう．仕方
がない，少し説明しておくか．それとも君が説明するかい？

小森：いやいや，口を出したことは反省している．俺に説明できる
わけがないじゃないか．勘弁してくれよ．やってくれ，やってくれ．

Dr.K：苛（いじ）めるつもりなんかなかったんだが，君が説明したいかも
しれないと思ってね．

　量子力学（りょうし）の話に入り込むと，少しとは言えないほどの時間がかか
るし，ざっとの説明で許してもらおうかな．

　マー君，簡単に言うとね，シュレーディンガーの猫というのは，
シュレーディンガーという物理学者が，量子力学という学問の考え
方が普通とは違うことを説明するために使った喩え話（たと）なんだよ．難
しい言葉で言うと，系の状態が連続的な量ではなく離散的な量で表
現されることと，古典的な因果律（いんがりつ）ではなく確率論的な因果律に従う
ことを象徴的に表すための喩え話なのさ．

　箱の中に猫がいてね．その猫は時間がたつにつれてある確率で死
ぬことになっているとするわけだよ．その上，箱を開ければ必ず，猫
は死んでしまうことになっている．そうだとすると，今，閉まって
いる箱の中の猫は生きているのだろうか？ そのことはどうにかすれ
ば知ることができるのだろうか？ そういう問題を考えてみなさいと
いう話だよ．

正人：つまり，おじいちゃんが口を出すと，それに僕が影響されて，僕の頭の中の生きているかどうかも分からない猫が死んでしまうかもしれないということですか？

フフフ，面白いなあ．僕の頭の中に猫がいるかどうか，誰にも分からない．ぼくにだって分からない．先生は質問しながら，猫がいるのかどうか，いるとしたら生きているかどうか，その上どんな猫なのかを調べるってことですよね．そんなことをしようとしてたんですか？ そうでないと，うまく説明できないかもしれないって，先生は心配してるってことですかあ？

あはっ，すごい，すごい！ そんなことができるなんて，僕，考えもしなかったなあ．

小森：K，お前本当にそんなことができるのか？ 俺は一度もそんな教師に出会ったことがない．伊達（だて）に大学の教授をやってるわけじゃないんだなあ．

Dr.K：そんなに話を膨（ふく）らませないでくれよ．僕はね，君たちが言うようなことができるって，一度も言ってないだろう．確かに，そんなふうなことをしようとしたわけだけどね，納得というのはその人の持っている世界観によって違うからさ，少しでも「猫」の様子が分かるものなら，説明する道筋も見えるだろうしね，できたらいいな，とくらいは思っただけさ．1＋1＝2をちゃんと分かってもらうというのは，それほど微妙なことなんだよ．こじれた理解じゃなく，すっと理解してもらいたいからね．

しかし賢い子だね．こんなに賢い子が，1足す1が2でないなんて思うわけがないじゃないか．これはすべて小森が悪い．

小森：こりゃかなわん．そっちへ来るか．黙って見ているから，教えてやってくれ．

1.2 1とは何か

正人：先生，もちろん僕，1足す1が2ではないなんて思ってはいません．

でも，あらためて考えてみることがあって，なぜだろうと思ったら，混乱してしまって，自分を納得させられないっていうか，わけが

分からなくなっちゃったんです．どうか教えていただけませんか．

Dr.K：じゃあ，始めるとしようか．まず，1とは何かについて考えてみよう．

正人：あのう，1とは何かなんて，考えなきゃいけないことなんですか？ 1が何かなんて，考えなくても何も起こらないし，考えたからって何かが分かるような気がしません．そう思うのは間違いなんですか？

Dr.K：そうか，そうだねえ．1とは何かなんて，そもそも考えなければならないことなんだろうかねえ．そういう疑問も思いつかないほど，分かっていることのように感じるわけだ．

そうだな，じゃあさ，親戚に，まだ計算のできない子がいないかい？ その子に1足す1が2であることを教えることになったとしよう．どうやったら良いか，考えてごらん．

小森：おい，教えるんじゃなくて，子供のほうに訊こうってのかい．そいつぁ詐欺みたいなもんじゃないか？

Dr.K：黙ってるんじゃなかったのかい．何も，彼が自分で分かることを，わざわざ教えるのが嫌だというので，こんなことを言ってるんじゃないんだよ．

僕もそうだったけれど，大学の講義で教えられたことなんかね，まあ単位を取るくらいのこと，つまりは出された試験問題くらいは解くことができるようになったら，それで分かったつもりになってたもんだ．それがさ，自分で講義をするようになって，そして講義しているうちにやっと分かったというかさ，それまではまるで分かっていなかったんだなあと思うことがあるんだ．

教えるということのためには，まず「他人がどう考えているのか」を想像する必要があるね．そして，話しているうちに，顔つきを見てると，相手が分かっていないことに気がつく．理解の難しさが，こっちの思ってもいないところにあることが分かるっていうか．

まあ，顔つきを見ていなくても，自分の説明に自分でチャチャを入れるというようなことも起きてきて，自分が理解するときには気にもならなかったことが教えるときには気になるのさ．

気にならなかった論理の隙間が気になったり，問題全体を高い立場というか，少し引いたところからというか，全体像を考えること

教えて初めて分かるようになる...か．なるほどな．

になるんだね.

　そういうことのお陰で，自分一人のために考えていたときにはまったく気がつかない論点や視点が得られることがあるわけだ.

　マー君，いいかい. やってみてくれるね.

正人：はい，じゃあ，おばさんのところのタッチャンに話すつもりで考えてみます.

　実は以前，タッチャンに訊かれたことがあるんです. 鉛筆を1本持って「なぜこれを1本って言うの？」って言うんですよ. うまく答えられずに，黙って考えていたら，もう1本持って「なぜこれを2本って言うの？」「そういうこと，いったい誰が決めたの？」って，たたみ掛けてくるんですよ. 本当に困っちゃいました.

　なぜ2本かってことは，1本ずつ持って，合わせて2本という言い方しかできないじゃないですか. なぜかなんて考えたこともないし，答えられないんですよね. ということは，僕，$1+1=2$ が分かってなかったということなのかなと思って，そしたら，そう思ったということに驚いたんです. 調べてみても分からないし，というか，何をどう調べたら良いのかも分からないし，こんなこと教えてくれそうな人はいないし.

　困らせるつもりじゃなかったんだけど，おじいちゃんはいつでも何でも知ってるような言い方するから，もしかすると教えてもらえるかもしれないと思ったんだけど，やっぱり訊きにくいでしょう. それでね，おじいちゃんのせいにしてちょっとお母さんに言ってみたの. そしたら，お母さん，本気になって，お父さまにきちんとしていただかないと困りますからって，怒りだしちゃうんだもの.

　ゴメン，おじいちゃん，少し困ったなあと思ったけど，何だかどんどん話が大きくなっちゃって，それはそれで面白いし，ゴメンね，おじいちゃん.

　先生も，済みませんでしたあ.

そうか，期待を裏切ったわけか. ウーン，でもなあ....

大きな声で謝りながら頭を下げる正人に，**Dr.K** と小森は顔を見合わせた. さすがに小森は気まずそうな表情を浮かべている.

Dr.K：まあ，いいじゃないか. 経緯（いきさつ）は何であれ，$1+1=2$ をきちんと納得したいという正人君の思いは，小森自身の思いになって，

それなりに専門家らしいと小森が思う僕を招いた，という構図に変わりはない．

マー君，謝らなくていいから，自分で説明できるだけ，やってみてごらん．

正人：はい，じゃあやってみますが，分からなくなったら教えていただけるんですよね．

そうだ先生，道具を持ってきていいですか？

Dr.K：フフフ，切替えの速い子だねえ．で，何を持ってくるつもり？

正人：リンゴかミカンを持ってくるつもりなんですが．

Dr.K：そうかい．それはいい．じゃあ，ついでにね，お母さんに頼んで，大豆か小豆も少しもらってきてくれないか．

正人：はい，分かりましたあ．

　　正人は少し気分がほぐれたのか，弾んだ足取りで出ていった．

Dr.K：さて，正人君が席を外しているうちにもう一度言っておいたほうがいいだろうね．

1足す1が2なんていう知識は教えるまでもないことだよね．しかし，なぜそういう知識があるのか，なければならないのか，あるといいことがあるのか…とまあ，そういうことは明らかなこととは言えないね．でも，それが分からないと，納得できた気がしないだろう？だから，今日の目標はそういうことを彼に納得してもらうことだろうね．

その納得の仕方は，彼の場合と君の場合は違うだろう．今日の目的はあくまでも彼だからね．彼が納得するまでは黙っていてくれないか．彼が納得してから，必要ならあらためて君にも納得してもらえるようにするからさ．

大切なのは知識そのものというよりもね，そういう知識があること，というか，そういう知識を含んだ人間の認識のあり方であり，納得の構造のほうなんだ．

それとね，よく学生にも言うんだが，数学ってものは，分かったときには本当に分かったという感じがするもんなんだ．言い換えると，そういう気持ちになるまでは，本当には分かっていないんだよ．あることの説明を終えて学生たちに「分かったか」と訊くと，「たぶ

ここから正人が帰ってくるまでは，会話は子供が理解するということはどういうものであり，またあるべきかということについての Dr.K の意見であり，1＋1＝2 の理解とは直接には関係がないことでございます．

表面的な知識ではなく，知識をなり立たせている認識の構造を理解してほしいってことのようだな．

ん」とか「何となく」という返事の返ってくることが多い．そういうときにこの話をするんだが，少し見方や状況を変えたりすれば，分かっていたかどうかがはっきりするわけだよ．それを確認して，だからさっきの君は「分かっていなかったんだ」ということを納得させる．これを話す理由はもちろん，中途半端なところで理解する努力をやめたり，自分に妥協してしまったりというようなことを学生にやめてほしいと思ってのことなんだがね．

多くの学生は，ただ理不尽に怒られてると感じるようだな．

なるほど．

理解に妥協
はいけない．

ということか．

ねえ，分かるということは，点数を取るためだけの技術を身につけることとは違うんだよ．彼らが勉強する目的は受験に合格することのようだが，受験のためだけの勉強なんて虚しいだろう．点がある程度取れさえすれば，それでいいんだと，彼らは思ってるんだろうね．分かることより，点数をたくさん取りたいわけだ．もちろん，そのための技術はあるし，それがほかのことに応用できないわけではないけれど，分かるということとは違うんだ．そう思っている学生が多いんだが，勘違いなんだよ．

だから，そこそこ点が取れるようになって大学の入学試験を通ってはきても，数学がまるで分かっていないというか，分かったと感じることを一度も経験しないで大学に入ってくる学生がほとんどなんだよ．まあね，全部が全部そうだと言うつもりはないんだが．

知識そのものよりも，知識を獲得していくプロセスというかアクセスの方法を体得することのほうが大切なんだ．そういうものが，というかね，そういうものだけがと言ったほうがいいかもしれないが，あとになって役に立つんだよ．

せっかくここまでやって来たのだから，できれば正人君に「分かった」という感じを味わってもらいたいんだ．だから，できるだけ「教える」というような形を取らないようにしようと思っているんだ．協力してくれるね．

小森：それはまた難しいことのようだな．そんなことがどうやったらできるのか分からんが，プロのお手並み拝見，という気分でいるとするか．

Dr.K：プロと言われるほどのことはできないが，せっかくの機会だから，僕も挑戦のつもりでやってみようと思ってるんだ．

1.3 2とは何か

　足音が聞こえたので，老人たちは口を閉じ，庭を眺めていたという姿勢を取った．そこに正人がいろいろな果物と **2** 枚の皿を入れた籠と，小豆を入れた湯呑み茶わんを持って戻ってきた.

Dr.K：では，始めてもらおうかな．ところで，そのタッチャンというのはいくつなの？ 小学校に行っているのかな.
正人：小学校に入ったばかりで，1 年生です.
Dr.K：では，僕をタッチャンだということにして，1 足す 1 が 2 であることを説明してみてごらん.

　正人はテーブルの上に皿を置き，籠から果物を取り出し皿の上に置きながら説明を始めた.

正人：先生をタッチャンだなんて思いにくいけど，でも仕方ないですよね.
　リンゴが 1 つあるよね．そこにもう 1 つリンゴを持ってくると，2 つになるね.

　ミカンでも同じだね．ミカンを 1 つ机の上に載せてから，もう 1 つミカンを持ってくるとミカンが 2 つになるね.

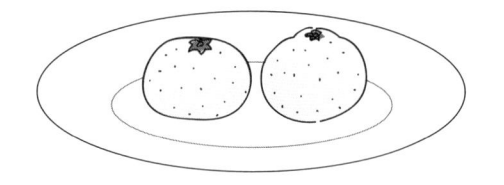

　これが 1 足す 1 が 2 になるということだよ，ってことじゃいけませんか.
Dr.K：いいとか悪いとかじゃなくて，君はどう思うんだね．それで納得できるんなら，おじいさんに訊きはしないだろう.

正人：そうなんですよね．人間が一人二人としてもいいし，猫が1匹2匹としてもいいんだけど，果物でも生き物でも文房具でも，何でもいいわけですよね．そういう具体的なものを超えたと言ったらいいか，どうもうまく言えませんが，何かの決まりのようなこととして1足す1が2になる，と言わないといけないような気がします．

小森：なるほどなあ，確かに説明するのは難しいことのようだ．そんな説明をしてくれって言われても，俺にはできるはずもないか．お前に頼んで良かったよ．

Dr.K：良かったかどうか分からないがね．君を納得させるより，この子に分かってもらうほうが易しいかもしれないと思うようになってきたよ．まあやってみるが，難しさの根底にあるものを，先に少しだけ君に説明しておくから，そのあとはしばらく少し黙っていてくれ．

　具体物の間で起こっていることを普遍的な法則に高めるということが問題になっているわけだ．

　具体物と言っても，上では一々断らずリンゴだけとかミカンだけを1，2と数えたが，皿の上にリンゴを1つとミカンを1つ載せてみるね．

　こうすると，2つと数えるには少し抵抗があるだろう．そういうときには，君ならどう言う？

小森：どう言うといって，リンゴが1つとミカンが1つと言うしかないだろう．犬を連れて散歩中の俺を，「お二人は」なんて声をかける奴がいたら，ぶん殴ってやりたくなる…ア，違うな．たぶんその前に，俺の後ろに誰かいるのかと思うだろうな．

　そりゃあ，同じものでないと数えられないだろうさ．そうだな，同じものなんてあるわけないから，同じ種類ということになるのか？種類というのもけっこう曖昧だなあ．どう考えたらよいのか，すぐには分からんな．

Dr.K：さすがに本質を突いてくるねえ．考えるのをそこでやめずに，もう少し考えてみればいいんだがなあ．

小森：俺はそういうことを考えるのは苦手だ．餅は餅屋で，だから君に頼んでいるんだから，教えてくれよ．

Dr.K：普段なら，こういう話は面倒くさくて聞く気にもならないが，今日はお孫さんの前だから聞いてくれるということなのかい．

小森：まあ，そう言うな．それはそのとおりだが，こういうことに興味がないわけじゃない．普段はすることが他に山ほどもあって，こんな何の役にも立たないことを考えている暇がない．そうか，暇がないといって考えるのを避けているうち，本当に考えなくなっていたんだなあ．と言って，考えたらすぐに分かるというもんじゃなさそうだし．

Dr.K：僕らだって，暇人なわけじゃないが，気になると他のことを脇においてでも考えてしまうことがあるし，考えることができなくても疑問を頭の中に飼っておくことが多い．そのまま忘れてしまうことも少なくないが，ときどき思い出して考えたり，突然解答が閃（ひらめ）いたりすることもある．それも一種の職業病かもしれないな．

考え続ける病気だって？　ふーむ．とんでもない職業だな.

　まあ，それはともかく，同じだと言えるようなものでないと数えられないということは了解できるよね．その同じものと考えるということについて考えてみるというのが，今の話のテーマだ．

1.4　同じということは？

正人：済みません．具体的に話してもらえませんか．今の場合なら，リンゴとミカンは同じものとは言いにくいけど，リンゴとリンゴならまったく同じではないけれど，同じものと考えることはできる，ということなんでしょ．

Dr.K：ああ，そのとおりだ．どんな話もすぐに一般化しながら話を進めてしまう癖がついているんだなあ．反省しないといかんな．気がついたら，いつでも注意しておくれ．

リンゴとミカンを同じだと考えることができるってことなんだな.フーン.

　リンゴとミカンだって同じものと考えることができないわけじゃないが，そういうことをしても話に違和感が生じないような枠組みを作ってやる必要がある，ということにはなるね．

1.4 同じということは？　19

さて今は，ある同種の具体物を数えるという問題に戻ろう．じゃ，リンゴで考えることにしようか．このリンゴという具体物を考えるんだ．

しかしね，どんな具体物にもさまざまな属性がある．それが具体物であることの特徴のようなものだ．リンゴで言えば，まず色，形，柄，重さ，大きさ，味，匂い，産地，値段，熟し具合など，まだまだたくさん，このリンゴについて語れることがある．それがすべて属性なわけだ．

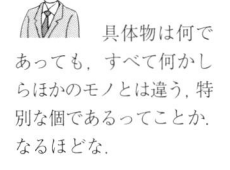

具体物は何であっても，すべて何かしらほかのモノとは違う，特別な個であるってことか．なるほどな．

そこから，関心を持った属性だけを取り出して，それ以外の差異を捨象する．そうしてこそ初めて，法則が得られる．そういう 抽象化 のプロセスが必要なんだ．

問題が混乱するのはね，多くの場合，はっきりと意識しないままある属性を考えて議論をしながら，話の流れによって別の属性について議論することがあってさ，話している当人同士でも考えている属性が異なることがあるということから起こるんだ．議論の内容によっては，そのどの属性で考えても議論の筋道が変わらないこともあって，話をしている間中，互いが考えている属性の違いに気がつきもせずに，議論が終わってしまうことになる．だが，当然のことだが，考えている属性の違いから，議論が分かれてしまうこともあり得て，なぜ相手が分からないのか分からないまま，諍いが起こるということもないわけじゃない．

小森：なるほど，そういうことはありそうだな．それにそういうことだと，互いの誤解を解くのは，意識してないだけに難しそうだ．

それは分かるが，それを正人に理解させようというのは少し無理があるんじゃないか．

Dr.K：もちろん今の話は君向けだ．少し君を煙に巻いておかないと，ウルサクってしょうがないからね．

シュレーディンガーの猫がどうなるか分からないが，どうやら正人君を見ていると，彼の頭の中の猫はこの程度のことでは死にそうもない．マー君，どうかな？

正人：ええ，たぶん大丈夫だと思います．大丈夫でないような感じになったら，聞いたことを忘れてることにすればいいんでしょ．けっきょくは，聞くだけ聞いておいて，聞いたことを忘れていろってことですよね．

おじいちゃん相手に，高度な技だなあ．そんなことができると言っても，できないって言っても，生意気だって，叱られそうな気がするけど....

Dr.K：そうだよ，耳から入っても理解する必要はない．でも，頭のどこかには残っていて，君が考えをまとめるときに役に立つことがあるかもしれないということだね．まあ，なくてもいいさ．

さて，抽象というのは，注意深くやらないといけないんだ．そうでないと，こんがらがってしまう．混乱が増幅するっていうのかな．だから，何をどのように抽象するのかを考えて，またどのように抽象したのかを覚えておかないといけない．

今の場合，1 足す 1 と言うときの，前の 1 と後ろの 1 は同じなのだろうか，違うのだろうか．それともむしろ，違うべきなのだろうか？

考えにくいだろうから，リンゴだと思って考えてごらん．

正人：1 はいつでも同じだと思うんですが，リンゴの場合で考えると，確かに最初のリンゴと 2 つ目のリンゴは違うリンゴですよね．大きさも少し違うし，色もこっちのほうが少し薄いし，形も微妙に違います．

ミカンだって一つひとつは何かが違うみたいだし，人の場合なら，同じ人はいませんよね．

Dr.K：そうだね，同じではないが，でも何かしら同じだと考えないと数えることに意味がなくなる．たとえばリンゴの場合でも，ここにあるくらいの違いならいいだろうが，リンゴの種類もたくさんあるね．大きいの小さいの，赤いの青いの黄色いの，実の締まったのや柔らかいの．それらを同じだと思うのにはかなり抵抗があるだろう．

正人：そうなんですよね．僕のクラスは 25 人だけれど，全部違う人間ですよね．だけど，個性まで分かってないといけないというんじゃ，クラスのことを何かしようとすると，うーん，面倒なことになりそう....

まったく，僕らがこの年代だった頃のことを思ったら，考えられないほどしっかりしているね．

1.4 同じということは？　　21

Dr.K：それじゃ，どんな面倒なことがありそうかな．逆に，25 人と言ってしまえることで何か便利なことがあるのかな？

正人：そう言われても，すぐにはなかなか思いつきません．

Dr.K：じゃあ，クラスの中で数えて 25 になるものを考えてごらん．

正人：そうか，そうか．机も 25 脚だし，椅子も 25 脚ですね．教科書も 25 冊だし，上履きも 25 足，...　これは 50 と言うほうがいいのかな．

Dr.K：まあ，それは置いておいて，25 だと分かるというか，25 だと分かっていると便利なことが何かあるだろうか？　役に立つことと言ってもいいけど．

正人：椅子で考えますね．工事かなんかで，教室が変わるってことがあったとすると，椅子を用意するとしたって，誰の椅子かということを考えなくても 25 脚持ってくればいいわけですよね．机でも教科書もそうだし，給食のときのパンもそうだし．

小森：いやはや，当り前に思って考えもしなかったことだが，大量生産・大量消費の現代社会では数量を数えることなしには成り立たないんだなあ．人にはそれぞれ個性がある．しかしそれに供給する物品には個性は要らない．もちろん要らないわけじゃないが，コストを考えるとな．だからこそ，大量に生産してコストを下げ....

正人：おじいちゃん！お願いだから，興奮しないで少し静かにしててよ．いまは，僕が先生に教えてもらっているんだからね．

　先生，リンゴでも人でもそれぞれには個性があって，1 個や 2 個，一人や二人と数えるときに，その個性までなくなってしまうというような感じはしません．でも，1 足す 1 が 2 であると言うときには，その個性を忘れて抽象化しなければいけないということですね．

Dr.K：そうだね．

正人：そこのところがまだ，ちゃんと分かったような気がしません．何となくは，分かったような気がしないわけではないのですが，曇りガラス越しに見ているような感じです．

小森：そうだなあ，横で見てても少し煮詰まったような感じがするな．俺には，このあとどう展開していくのか見当がつかんな．

Dr.K：まあ，そうせっかちにならなくてもいいさ．確かに少し煮詰まってきて，思考に軽快さがなくなってきた感じだね．そうだな

あ，そういうときには，少し対象から身を引いて，視野を広げてみるとうまくいくことがある．やってみるとしよう．

　じゃあ，マー君，リンゴをもう1つ使って，タッチャンに話すことにしようか．

正人：はい？　でも，「リンゴが1つあるよね．そこにもう1つリンゴを持ってくると，2つになるね．そこにもう1つリンゴを持ってくると，今度は3つになるね」というくらいしか思いつかないんです．それじゃあ，いけないんでしょうね．

Dr.K：そうだねえ．思いつかないときに，その場所であまりしつこく考えていても，実りのないことが多いものだ．で，どうすればいいと思う？

正人：先に進むってことですか．4つにして，5つにしてってことですか？

Dr.K：それくらいにしてみて，もう一度考えてみようか？

1.5　2つでだめなら5つにする

正人：何を考えたらいいのか分からないんですが．

Dr.K：素晴らしい！

小森：ちょっといいか？　どこかに誘導しようとしていることは分かるんだけど，それじゃ何にも分からないと思うし，「素晴らしい」というのも何だか分からんな．

Dr.K：ああ，そこにいたんだな．何か用なのか？

小森：俺がいるのも忘れるほど熱中していたってことか．悪かった．静かな観客に戻るよ．

Dr.K：悪いな．ちょっと，予定していたのと違う方向に話が進みはじめたんだ．それに，お孫さんの反応がとても素直で素晴らしい．素晴らしいと言ってしまったのは，まあ，口が滑ったんだ．流れ的には言っちゃあいけない感想だったんだ．

　黙って，流しておいてくれればよかったのに．君には多分，なぜ

僕が素晴らしいと思わず口にしてしまったのかというわけは分からないだろうな．今は忘れてくれ．失敗だ僕の．そんな顔するなよ，説明はできるが，今説明すると猫が死ぬ．

正人：あのう，済みませんが，僕，何を言われているかさっぱり分からないんですが．

Dr.K：ごめんごめん．気にしなくていいよ．どういうところだったっけ．

そうそう，1足す1が2であることを理解するのに，もう1つ足してみたらどうかという話だったよね．それが3になるからといって，新しいことも分からないから，もう1つ，もう1つとやってみたらどうだろうか，ということだったかな．4になり，5になるといったところで，何を考えたらいいか分からない，と君が答えたところまでだったね．

そう，そこが素晴らしいところなんだよ．分からないという答えではなく，何を考えたらいいのか分からないという答えだったことに感心したんだよ．

小森：いよいよ分からん禅問答だな．

Dr.K：煙に巻くのが目的なわけじゃないからな，少しだけだけど説明しておくかな．こういう問題に「分からない」と答えてしまうと，ほとんどがそこで思考停止になってしまうんだ．思考の方向性を失ってしまうというかね．

「何を考えたらいいか分からない」という答えには，考えるべき問題を探そうという意思が残ってるだろう．言うならば「隠された問題」を発見しようという気持ちだね．

そうか，素直さというより，そういう心の積極性のほうを嬉しく感じたということなのかもしれないな．

さてと，今ここに5つのリンゴがあるね．それで何が分かるかな．

正人：リンゴが 5 つあることしか分かりません．他に何か分かるのでしょうか？

Dr.K：君は 1 足す 1 が 2 になることを理解したいのだったね．ということは，1 足す 1 が 2 にならないかもしれないと思う気持ちがどこかにあるからだ．

正人：あの，1 足す 1 が 2 になることが分からないと言っているつもりはないのです．1 足す 1 が 2 になることはなぜかと訊かれたときに，説明ができない自分に気がついたということです．

Dr.K：そうだったね．それはおじいさんもまったく同じ立場だ．それは分かるね．

正人：はい．ですから，先生に来ていただいて説明していただこうということになったんですが．

小森：おい K，いまさら，説明ができないって言うんじゃないだろうな．

Dr.K：まあ，そう言ってもいいかな．まあ，待てよ．怒らせようってわけじゃないさ．今は君向けに話してるわけじゃないんだから，マー君の中の世界を作ろうとして，そのための土台を確かめているところなんだ．あまりチャチャを入れられると，話が積み上がっていかなくて，困るんだがな．

正人：おじいちゃん，お願いだから黙ってて．何だか少し分かりかけてきたような気がしてるんだから．

小森：え，この話で分かりかけてるって？ ウーン．俺にはさっぱり分からん．

Dr.K：なあ小森，数学の枠内で 1 足す 1 が 2 になることを説明するのなら，実はほんの一瞬で済むんだ．しかし，その数学の枠を認めないという人が多くてね．1 足す 1 がなぜ 2 になるかっていうことを疑問に思うってことは，少なくとも数学を全面的には信じてい

ないってことなんだよ．だから，少なくともこの件に関してだけは数学を信じてもらえるようにしなくては，説明に出向いた意味がないってものだ．

そういうことを何度も説明しているつもりなんだがな．

正人：はい，それは分かります．だけど，どう理解したらよいかがまだ分かりません．

Dr.K：そりゃそうだよ．まだ説明していないんだからね．

小森：すごく手間のかかる話だな．こんなに面倒だとは思わなかったよ．でも，正人は何だか重要な一歩を踏み出したように感じているらしい．

もう昼も回ったし，ここらで少し休憩にしないか．頭が熱くなってきたよ．

Dr.K：雰囲気が盛り上がったら一気に行くほうがいいんだが，邪魔も入ったことだし，仕切り直しをしたほうがいいかもしれない．

マー君，休憩の間に考えていてもらう宿題を出しておこう．休憩だから，頭が熱くなるほど考えなくてもいいけど，何となく考えていてほしい．

正人：はい，どういうことでしょうか？

Dr.K：1 足す 1 が 2 になることに疑問を感じるのだったら，ここにリンゴが 5 つあることには疑問はないのかい？

正人：え，どういうことでしょうか？ 現に，ここにリンゴが 5 つあるんですけど．これを疑問に思わないといけないんですか？

Dr.K：考え込まないでいいよ．休憩にしよう．

正人は台所に立ってゆき，母親と一緒に戻って来た．

まだお勉強のようなのでお酒も出せませんが，と言いながら紅茶とサンドイッチを机の上に並べた．雑談をしながらサンドイッチを食べている間中，正人はじっと考え込んでいた．

食事が終わると，正人は堰を切ったように話しはじめた．テーブルの上には，先ほどの 5 つのリンゴが置き直されている．

1.6　5つのリンゴは5つあるのか？

正人：まず考えたんです．疑問はないのかっていう問題なんだから，何か疑問に思えることがあるってことですよね．

　じゃあ，5つのリンゴがここにあることの何を疑うことができるのか？　何でも疑うんだとしても，リンゴであることか，5つであることか，本当にここにあるのかってことくらいしか考えつきませんでした．

　リンゴがここにあることは，目でも見えるし，手でも触れるし，疑うなんてことは難しいですよね．これがリンゴであることも，今のこと以外にも，匂いを嗅いだり，いざとなったら食べてみたりすれば分かりますよね．それも疑うんですか．

Dr.K：疑うことができなくもないけど，それを疑うのは別のジャンルの問題になるだろうね．

正人：そうなんですよね．今は数のことを問題にしていたわけだし，そうすると5つであることなんだろうなと思いました．

　そう思ったら，リンゴであることやリンゴがここにあることなんかは，一つひとつのリンゴに対して確かめられることだって気がついたんです．でも，5個であることは一つひとつに対して確かめられることじゃないじゃないですか．だから，ますます，5個であることが問題だと思ったんです．

　でも，5個であることをどう疑ったらいいのでしょうか？　そこがまだうまく言えません．

小森：いやあ，これはびっくりした．正人がこんなふうに考えることができるなんて，思いもしなかったよ．これだけでもKに来てもらった甲斐があったというもんだ．

　で，どうなんだ．もう，ほとんど答えなんじゃないのか？

ホホゥ，正人をデカルトの懐疑の中に放り込んだわけか．やるじゃないか，K．

Dr.K：道程としては半ばを越えたと言ってもいいけど，せっかく一気に行けそうなところだったのに．そういうところで，必ず邪魔をするんだな．

何でもそうだが，最後の一歩を踏み終わるまでは，いつでも道半ばだと思ったほうがいい．というか，思わないといけない．このあと順調に行くなら半分くらいだが，この先の進み方によっては 1, 2 割ということになるかもしれない．

どれくらいまで進んだかというよりも，マー君が，これまで当り前だと思っていたことを自分の力で疑うようになったということが大きいんだ．そういう意味ではかなりの進歩だとは思うが，これでやめたら元の木阿弥でね．

さてと，5 つであることをどう疑ったらいいのかということだったけど，じゃあ，5 つであることはどうやって分かったのかな？

正人：どうやってといって，1，2，3，4，5 と数えていくしかないんじゃないんですか．

Dr.K：そうだね．数えるわけだね．では，その「数える」というのはどういうことなんだろうね．いや，そう言わないほうがいいな．言い換えよう．「数える」というのはどういうことをすることなんだろう．

小森：再三で悪いんだが，その 2 つに何か違いがあるのか？

正人：おじいちゃんったら．

Dr.K：マー君，今のおじいさんの言葉は，おじいさんの知性の質の高さというか，頭の良さを表しているんだ．まさに，そこがポイントなんだよ．それを指摘されてしまったんじゃ，予定を変えないといけないかな．

仕方がないなあ，じゃあ，小森のほうに答えてもらうことにしようか．数えるというのはどういうことをすることなのか，ということだけど．

小森：どういうことって言ってもなあ．じゃ，数えるという作業を分解してみるか．まず，1 と言いながら，あるリンゴを指で指す．指で指しながら 1 と言ってもいいわけだ．つまり，「指で指す」という行為と「1 と言う」という行為はセットになっていなければならない．ウーン，我ながら厳密だなあ．

小森は，職業柄だろうが，会話をリードする癖がついているんだろうな．邪魔をする意識はなさそうだが，やりにくいのは確かだ．小森の口を封じるのを先にした方がいいかもしれんが，まあ，しばらくは，このままでいこう．

こんな議論をするのは学生のとき以来だから，自分を褒めながらじゃないと，元気が続かんよ．

Dr.K：それで？

小森：さて，次に 2 と言いながら，別のリンゴを指で指す．次は 3 と言いながらこれまで指さなかったリンゴを指して，その次に 4 と言いながら同じようにそれまで指さなかったリンゴを指す．そして，最後のリンゴを指しながら，5 と言う．これで 5 個だということが分かる．

　さてと，これを抽象するのか．指で指すという動作は手で触ることにしてもいいし，リンゴを持ち上げてもいいけど，そういう動作の意味を考えないといけないわけだな．

　そうか，言った数と言われたリンゴとの間を結びつけるというか，補助というか，付加的なというか，そういう手続きだということなのか．

正人：ちょっといい？　数えていく途中で，それまで指さなかったリンゴかどうかが分からなくならないようにしないといけないんじゃないかな．

小森：まあ，それはそうだけど，これくらいで既に数えたかどうかが分からなくなることなんかないさ．ん？　そこが問題なのか？　どうなんだ？

Dr.K：もう少し自分で考えてみたら，いいところまで行ってるよ．分かりにくければ，少し対象から身を離してみたら．

小森：身を離すといってもな．そうか，さっきの指示は...1 足す 1 で分からなければもっと先に進んでみろって言ってたな．ということは，もっと先に進むのか．と言って少しくらい進んでも大したことはないし．

　あ，そうか．それで，小豆を持ってこさせたのか．K，さすがだな．

Dr.K：そういうことはいいから，先に進んでみよう．

1.7　5 つでだめなら 100 にする

小森：どうやら，この方向でいいらしいな．

　じゃあ，100 まで数えることにするか．ここに 100 個あるのかどうかも分からんから，まず 100 個取り出さないといかんな．それをどうするかだが...そうか，別の器に移し変えればいいんだ．そう

そうなんだ．数えただけじゃだめなんだ．でも，こんな当り前のこと，どうやって抽象するのかな？

すれば，それまでに数えてないやつを選ぶことも自動的にできるわけだ．

　なるほど，実際に 100 までやらなくても，ちょっと考えるだけでも役に立つもんだな．ウーン，経営のことでもこれは役に立ちそうだ．
Dr.K：そうすぐに役に立つかどうかなんか考えずに，考えることを楽しむということはできないのかなあ．習い性というものなんだろうな．

　で，100 個数えるのか，数えなくても分かったのか，どっちだい？
小森：そうだなあ，ここで結論に飛びつくと火傷するかも...それに，必要なことが全部分かったわけでもないしな，やってみるか．

正人：おじいちゃん，それさ，僕がやってもいいでしょ．

小森：ウーン，面白そうになってきてるんだが．お前のために来てもらったんだしな．じゃ，やってもいいけど，おじいちゃんにも分かるように，大きな声を出して数えてくれよ．

正人：いいの？考えながらやらないといけないんだよね．数えてリンゴの皿に小豆を移しながら考えようかな．

　一，二，三，四，五，...，九十九，百っと．さあて，数え終わったんだけど，何を考えたらいいのか，何にも分からなかったな．**Dr.K**：マー君は一生懸命に数えることに集中していたから，思いつかなかったのだろうが，小森のほうは何か感じたことがあるかい？

小森：まだこれといって思いつかないが，感想はと訊かれれば，もう俺にはこんな単純作業は根気が続かないということくらいだな．俺なら途中で嫌になってるだろう，と思いながら見ていたよ．

　そうか，だから，正人が自分でやるって言ったときに反対しなかったのか．ということは，ここらに問題がありそうだな．

　嫌になると，数えることが疎かになる．すると，間違うかもしれん．で，どうなんだ？

正人：分かったような気がする．間違わないようにしないといけないんだよ．間違わないようにする工夫が大切なんだ．

　それでさ，その工夫が，数えることであるというような気がするんだ．だからさあ，数え間違わないようにするにはどうしたらいいのか...だよね．

　たとえば，1 から 100 まで書いておいて，1 つ移すごとに印を付

けていくことにしたら，どうかなあ．印を付けるのと数を声に出して数えることを一緒にやれば，間違えにくいよ．

小森：それはそうなんだがな．K はもう少し理論的なことに気づけと言ってるような気がする．間違わないように数える工夫は大切だが，それより根本的なこと…もしかすると，間違わなかったら，それでいいのか？ なんてことを言うんじゃないんだろうな．

Dr.K：鋭いね．しかし，疑り深くなったなあ．

　数え間違いをしては困るんだが，間違わないだけでいいのかということも論点だね．それが気になったんなら，間違うとはどういうことかを考えてみたらどうかな．そしてその間違いやすさを取り除けていけば，何かが見えてくるかもしれないよ．

　数えるとは何かということを，もう少し考えてみるためには，マー君の提案を実行してみるのも悪くないんじゃないかな．

正人：じゃあ，やってみます．

　　正人はノートを取り出して，次のように書いた．

数字を書くときから，間違えにくいように工夫しているのがいいね．

1　2　3　4　5　6　7　8　9 10 11 12 13 14 15 16 17 18 19　20
21 22 23 24 25 26 27 28 29 30 31 32 33 34 35 36 37 38 39　40
41 42 43 44 45 46 47 48 49 50 51 52 53 54 55 56 57 58 59　60
61 62 63 64 65 66 67 68 69 70 71 72 73 74 75 76 77 78 79　80
81 82 83 84 85 86 87 88 89 90 91 92 93 94 95 96 97 98 99 100

正人：こうやって書いておけば，1 から 100 まですべてを順に間違えずに数えることができるよね．

小森：そうだな，これならちゃんと確かめられる．声に出して唱えていっても，音は消えてしまうから，間違ったかどうかが確認できないが，こうすればいいな．そうか，科学は「再現性」か．

Dr.K：ときどき鋭いね．そのとおりだ．で，その先はどうなる？

小森：さっき数えたから，この皿には 100 粒の小豆が載っている．

正人：ねえ，ぼくがやるからさ，もう一度確かめてみようよ．別の皿に移し変えるの．そのとき，数えるのと，数字の表に印をつける

のと，小豆を 1 粒移すのとを同時にやれば間違わないよね．

じゃ，やるね．一，二，…，九十九，百．あーあ，良かった．ちゃんと 100 個だ．さっき数えたあとで，絶対に間違わなかっただろうかなと思ってさあ，本当は心配になってたんだ．

Dr.K：この皿の上に 100 粒の小豆がある．しばらくしたら，さっきのマー君のように 100 粒あることが不安になる．そうなればまた，数え直したくなるだろう．もしすると，数え直したときに，100 粒になるかどうかは分からない．少なくとも絶対的な確信は持てない．

小森：なるに決まってるんじゃないか．違うなんて起こらんだろう．

Dr.K：100 粒なら絶対だと君には言えるんだね．なら，1000 粒ならどうだい．10000 粒なら絶対かい？

100 粒だって，今度は数え間違うかもしれないし，数えているうちに，皿から小豆がこぼれることがあるかもしれない．そしたら，拾ったとしても，全部が回収できてるかどうか分からない．

小森：そりゃ，現実にはいろんなことが起こるだろうが，100 のものは 100 さ．数えて足りないとなったら，どこかの隅に小豆が潜り込んでいるだけだ．

Dr.K：多分そうなんだろう．でも，探して見つからなければ，絶対にそうだということも言えないだろう．突飛なようだが，腹を空かせた透明人間がここにいて，1,2 粒取って食べたかもしれんしさ．

正人：わあ，数学に透明人間が出てきてもいいんですか？そりゃあ，いるかもしれないですよね．いないなんて分からないんだもの．

小森：おい K，お前がそんな空想的なことを言ってどうするんだ．あったものはなくならん．そんなことは理論的にもおかしいだろう．

Dr.K：その理論って，どんな理論だい？

小森：理論は理論さ．第一，一番理論的なことをやっているのが数学じゃないのか？

Dr.K：どうも数学に対する間違った思い込みがあるようだね．理論と現実が食い違ったとするね．そういうときに，僕らはむしろ理論のほうを疑うんだよ．

小森：そりゃ，どういうことだ．

登場人物が著者のコントロールを振りきって暴走するという話は人ごとだと思っておりましたが，確かに登場人物は暴走するようでございます．科学と似非科学との間の線引の「再現性」をちゃんと理解せずに「科学的」を振り回す議論を聞くたびに怒りを感じる著者の気持ちが漏れたということかもしれません．同じ条件なら同じことが再現できなければ科学ではないということを例で示すのがいいのでしょうが，それをやっていると話が曲がっていってしまいます．登場人物の暴走どころか，著者の暴走など読者の迷惑でございますので…

1.8　あるのかないのか，理論と現実

Dr.K：「理論」というものは，そもそもが適用限界というものを持っているものなんだ．そうでないものは理論と呼ぶに値しないものなんだ．絶対的な真理というものはないんだよ．

　理論と呼ばれるものには，現実の持つそれこそ想像もできないほどの多様性というものは組み込まれていないんだ．そういうものなんだよ．そうでないと，理論なんか作れるはずもない．「何にでも使える理論」なんてあり得ないんだ．そんなことを言うやつはペテン師だと思っていい．

　関心のある現象だけに思考を限定し，本質的でないものを捨象することによって，意味のある構造を取り出すというのが，理論構築というものなんだ．正しい理論などは存在しないと言ったほうがいい．そう言っているときには，有効な理論であり，適用範囲の広い理論であるということを強調していると思うべきなんだ．

　逆にね，間違った理論というものもない．まあ，間違っているものは理論と呼ばないと言ったほうがいいけどね．有効でない理論はもちろんあって，そういうときに理論が間違っているという言い方がされることが多い．適用範囲が狭い理論は役に立たないということだ．どんなに理論構造が壮麗でも，無効な理論は砂上の楼閣だ．ただね，ある時点で有効性が知られていない理論が，時代がたって有効であることが分かってもてはやされるということもある．それは，その理論が応用される領域に対する知識が増えたり，別の領域に適用できることが分かったりして，多くの人の興味を引くようになったということだろう．だから，役に立たない理論を考えておくことにも意味はある．

　数学を非難する人たちの多くは，自分たちが数学だと思ったものを無批判に受け入れておいて，その上で数学が万能でないとののしる．彼らが数学だと思っているものは大抵は数学とは似ても似つかぬものなのにさ．

小森：おい，K．少し落ち着けよ．誰もそんなことを言ってないんだから．

Dr.K：君は言ってなくても，そういう偏見を持ってる人は多いん

だ．まあ，世の中は偏見と偏見のぶつかり合いだけどね．

　正人が Dr.K を，何か言いたそうに見ている．Dr.K もそれに気がついた．教育は若い人に偏見を持たせるものになりがちであり，自分がそれに直接荷担しなくても，その偏見が進行するのをとめられなかったとすれば，それに責任がないとは言えない．常々そう思っている Dr.K だが，それをどうとめたらよいか分からないでもいる．直接に Dr.K の前を通り過ぎる若者たちは既にそういう偏見に漬かりきってしまっていて，Dr.K は自分の無力さに諦念を感じてもいた．

　正人は，そういう中で久しぶりに出逢った柔らかな感性の持ち主であった．そういう正人を Dr.K は大切に思いはじめていた．激しい感情を見せたことで，正人が心を閉ざすかもしれないという思いが頭をよぎって，Dr.K は顔を赤らめ，右手で頭を掻いた．

Dr.K：いやあ，済まん，済まん．マー君のことをすっかり忘れていたよ．でも，もう少しだけ小森向けに話しておこう．

　つまり，理論と現実は違うのさ．小豆が転がってどこかに隠れて見えなくなるのが現実でも，理論じゃそんなことは起こらない．

小森：だから，そう言ってるじゃないか．

Dr.K：だから，理論じゃ $1+1=2$ だけれど，現実がそうならなくたって，別に変なことじゃない．

小森：そう行くのか？

Dr.K：そう，君は何を期待していたんだい？理論として $1+1=2$ を納得させてほしいというなら，一言で済む．しかし，それをどんな現実にも適用しようとすれば，うまくいかないことがあるのは当然だ．そういうことが起こるのは理論が破綻したということではなく，その理論では説明しきれない複雑な現実があることがあるということだ．だからって，理論が間違っているということにはならない．

小森：まあ，それはそうだ．じゃあさ，とりあえず理論として $1+1=2$ を納得させてくれないかな．ついでに，この皿のリンゴが5個あるということの意味も分からせてもらえると嬉しいな．

Dr.K：急に低姿勢になって気味が悪いな．理論としてね．じゃ，それでいいかな．

理論としても一言では済みそうにはなさそうだな．

正人：はい，でもまず，このリンゴの集合の要素の数が5であると

いうことの意味を分かりやすい言葉で教えてもらえませんか？

Dr.K：集合？　そうか，ニューマスが日本に入って来て，小学校の算数にも集合が入ったことは知ってるよ．数学者は反対したんだがね．まあ，その後，ニューマスの弊害も広く知られるようになって，今じゃ小学校から消えたんだと思っていたけど，マー君は集合を知ってるんだね．

　君は集合ってどんなものだと思っているの？

正人：よく分かりませんが，たとえばリンゴの場合でも，一つひとつのリンゴを考えるのではなくて，5つなら5つと，まとまったものとして考えるときに，5つのリンゴの集合と言うんじゃないんですか．そんなふうに先生が使っているのを聞いたことがあるだけで，集合とは何かなんて話は聞いたことがありません．

「ニューマス」はアメリカ発の数学教育改革運動で，現代数学の思考の枠組みを初等教育に導入しようとしたもの（1960年代）．日本の指導要領にも取り入れられた時期がある（1970年代）．反対が多く今ではほとんど忘れられているが，痕跡は残っている．

1.9　5つのリンゴは集合になるか？

Dr.K：そうだろうね．実はそこが厄介(やっかい)なところでね．19世紀の末，だから100年ちょっと前のことだが，「集合論」という理論が生み出されてね，それ以来大半の数学は集合論の上に作られているんだ．まあ，大枠としてはというところだがね．

　しかし，集合は何かということは数学者でもはっきりとは言いたがらないんだ．説明するにはとても難しいことがあってね．

小森：それ，カントールの集合論ってやつか？　何でも，重大な欠陥があるという話を聞いたことがあるぞ．

Dr.K：本当に妙なことを知ってるヤツだなあ．

　まあ，そのとおりだ．だから，数学者は少し臆病になってもいるし，お陰で少し謙虚にもなっている．

G. カントール（1845–1918）．ドイツの数学者．集合論の創始者．

小森：数学者なんて，自分は何でも知ってるって顔をして，傲慢(ごうまん)な感じだからな，ちょうどいいか．

Dr.K：おいおい，そりゃあひどいな．そんなこと言えるほど数学者を知っているのかい？

小森：そりゃあ知ってるわけないじゃないか．そういう感じってことさ．あれっ，お前も数学者だったんだよなあ．だから説明にも来てもらったんだ．そうか，想像してたような数学者なら，こんなこと

はしてくれそうもないか．本当はお前，数学者じゃなかったりして．

Dr.K：君の分類で僕が数学者かどうかなんてことはどうでもいいことだが，数学者に対するイメージが君自身の知識に基づいて形成されたわけではないことは確かだよね．数学に対して何となくの嫌悪感があるんだろう．それが数学者に対するイメージを悪くさせる．数学者をマッド・サイエンティストのように言ってしまうことで，自分はそうなりたくない，だから数学なんて分からなくてよい... そういった議論がまかり通っているんじゃないのかな．

小森：まあまあ，そう言うなよ．俺にもそういう気味がないじゃないが，何というかな，数学が嫌いだというのを口実に使ったことがあるという罪悪感がないわけじゃない．だから，一念発起して，お前にも来てもらって，教えを請うているじゃあないか．

Dr.K：あまり教えを請うという態度じゃないが，まあ，そうされても気味が悪いだけだしな．それでね，数学ってものはできるかぎり自分自身の思考だけに基づいて理解し判断しようとするものなんだよ．

　誰かがこう言ったから正しいとか正しくないとか，そういうことが数学の精神から一番遠いものなんだ．言ってみれば，数学者は徹底したデカルト主義者だってことかな．

小森：フーン，自分の信じることだけを信じるっていうわけか．

Dr.K：そこまででいいもんじゃないって言うかな，それとも，それほど傲慢じゃないって言ったほうがいいのか，どちらのほうが信用してもらえるのか分からんが，まあ，そう言っても間違いとも言いにくいかなあ．

　しかし，デカルトの解釈もさまざまで，こういうのはデカルトの考えとは正反対のものだと言って批難する人もいるかもしれん．

　気分としては，僕らは根っからのプラトン主義者と言ったほうがいいかもしれん．

正人：あのう，話が難しくなりすぎて何も分からないんですが，せっかくですから，その欠陥というのを分かりやすく教えてもらえませんか．

Dr.K：いやあ，ごめんごめん．君が中学生だってことをすぐに忘れてしまう．分かりやすく教えるってことだよね．

ルネ・デカルト (1596–1650)．近代合理主義を代表するフランスの哲学者．数学者としては解析幾何（座標幾何）の導入．「我思う，ゆえに我在り」で有名．

プラトン (B. C.427–347)．ソクラテスの刑死後，12 年の遍歴を経て，アテネ郊外のアカデメイアで学校を開き，そのあとは教育に専念．数多くの著書は対話篇と呼ばれ，ほとんどがソクラテスを主人公とする．クロトンでピュタゴラス学派から数学を学び，アカデメイアの門に「幾何学に通ぜざるもの，この門を入るを許さず」と掲げた．その影響力は大きく，20 世紀にホワイトヘッドが「ヨーロッパの哲学の伝統はプラトンに対する脚註から成り立っている」と言ったほどである．

さっきはああ言ったが，すべてのことを自分一人で考えることは誰にもできない．時間の無駄でもある．無限の時間が与えられているなら，そうしたいと思わないでもないけどね．

小森：そこが傲慢ってことだな．

Dr.K：まあ，それはそうだが，実際に僕らの人生は長いわけではないから，そうもしていられない．

小森：で，どうするんだ．どうにかするんだろう．

Dr.K：卑怯なようだが，どこかで判断停止をするしかない．つまり，議論している者どうしで，ここまでは分かっていることにするということを決めて，そこから議論を始めるということだ．そういう議論の大前提を公理と言うんだが，実は数学ではどんな些細な議論をするときにもその都度そのような前提を認め合っているという確認をしてから行うことになっている．

もちろん，数学上の議論でも，そういう確認を怠ったために無意味な論争になったという歴史もあったりはするんだ．

小森：いつもいつもそんなことをしてると，議論が進まなくて困らないか？

Dr.K：そこはまあ，実際上はメリハリを付けることになる．議論の仕方に対する暗黙の了解というものがあってね．ある分野なり理論なりの中で議論をしているときは，そこでの基本概念は認めることにするわけだ．つまり，議論をどこから始めるかを互いに了解した上で始めるわけだ．だから人によってその場所が違ってもよいし，問題が変われば当然前提も変わる．同じ人が同じ対象を問題にするときでも前提が変わることがある．それによって，視点の位置も向きも変わり，新しい発見が得られることもある．

さらには，先に進めば進むほど，暗黙に認めないといけないことが多くなる．だから，ときどきは確認が必要になって，そういうときは，定義をきちんとしろと誰かが言うことになる．

小森：つまり，数学者が言葉を厳密にしろと言うときは，その辺りが曖昧になってるから，了解事項を再確認しよう，と言ってるってことなんだな．そう言われれば，当然な手続きだってことになって，面倒なことをくどくど言ってると思わなくても済みそうな...，ウーン，何だか丸め込まれているような気がするな．

Dr.K：そんなことはしていないが，だまされないようにするためにも「定義」は大切だ．

さて，マー君のリクエストに答えるとしても，話があちこちに飛んでしまって，まるで迷路みたいになっちゃったね．その上，未探索の枝道だらけになってしまった．今日はもうかなり時間もたっているので，このままだと何もかもが中途半端になりかねない．だから，$1+1=2$ が成り立つということはまた今度，それだけを集中してやることにして，今日の残りは何か１つ，中でもそっちが一番気になってることを片づけることにしないか．

よくあることだがね，疑問が１つ解決すれば新しい疑問が２つ生まれるといった具合になるものなんだ．そんなふうに疑問がなくなるまで通わされることになったら，いつまで続けなければいけないか分からんことになる．それも困る，だが，こんな成り行きでは，少なくとももう一度はこの家に来なければいけなくなったかなと思っている．

小森：おうそうか．今日だけじゃなく，また来てくれるというんならそうしてもらおうか．とても今日中に終わりそうにないし．気になる疑問は解決しておいたほうがいいし，疑問のままで置いておくと忘れそうだしな．

さてそうだなあ，俺としては，集合論の欠陥の話がいいな．昔から，ちょっと気になっていたんだ．正人もそれでいいかな．

正人：うん，ぼくは面白ければ何でもいいんだ．

Dr.K：じゃあ，今日はその集合論の欠陥の話と，その話をするために必要な最小限のことだけを説明することくらいでやめることにしよう．でもまあ，僕の話はどうも拡散してしまって，自分じゃやめられないことがある．だから，適当にとめてくれよ．

さて，集合論の欠陥の話と言ってもね，実はいろいろとあるんだ．そのほとんどが，集合論をある程度知っていないと述べることもできないものでね．でも，小森が言っているものには見当がつく．それであるなら，比較的予備知識がなくても説明できるし，全体としては最大の欠陥だとも言えるので，その話にしよう．

でも，そのために少しは集合論の話をしないといけないんだが，いいかな？

$1+1=2$ はまた今度ってか？ その話に入る準備ができてないってことだろうが，そんなことを言ってたら，いつ準備が終わるのかわからん...！準備だけでも終わらせてもらえるのかなあ.

1.10 突然ですが，集合ってなんですか？

もちろん俺にも分かるようにだが，正人に分かるようなら，俺にも分かるだろうさ．ん？多分な．そうでないと祖父としての立場があったもんじゃない．

これを集合の定義にしちゃあ，ボロが出るなあ．でも，ボロが出ないように頑張るしかないか．

小森：それこそ，成り行き上，仕方がないだろう．でも，正人にも分かるよう，やさしい言葉で話してやってくれよ．

Dr.K：うん，そこが難しいんだがね．概念としては最小限にするけど，分かりやすく説明するとなると短い時間ではできそうもない．

　だが，始めなければ終わらないし．じゃあ，集合というのは人間が思考の対象とするものを要素とする，ある集まりだということにして話を進めることにしようか．

正人：あの，学校で集合の話が出てきたときに，何でも集合になるわけではないって聞いたように思うんですが...あれっ，違ったかな．

Dr.K：そうだね，何でもいいというわけにはいかないね．では，集合と考えてもいいのはどんなものだろうかね？ それよりも，考えちゃいけないもののほうを訊いたほうがいいかな．

正人：そうですね，たとえば，幽霊の集合なんて考えちゃいけないとか．美人の集合というのもダメだってことだったような気がしますね．美人というのは好みによるし，境目がはっきりしないのでいけないんだってことのようでしたが．

小森：あはっ，そりゃ面白い．美人の集合は駄目か．じゃ，勇敢な男の集合もダメだし，賢人の集合というのもダメだな．そうか，賢人会議なんてやってるやつは元々まがい物ってことになるか．

Dr.K：政治の話なんかに入り込むと，意見や立場の違いで収拾がつかなくなってしまうから，そういう話題はやめておこうよ．正人君にも分かりにくいだろうし．

　それより，どうしてもここらで納得しておいてもらわないといけないことがある．それはね，数学は現実の世界を説明するものでも，世界の真実を究明するものでもないってことさ．

小森：またそうやって，煙に巻こうとしているな．

Dr.K：そんなことはないさ．どういう言い方をしても誤解される恐れのあることでね，だから，あまり触れないようにしてきたんだが，もうどうしてもそれに目を瞑ったまま議論を進めるわけにはいかないような気がする．

　そこらのことをあからさまには触れないようにして，言わばまあ，

ごまかすこともできるし，そうしたほうが君たちに不安を与えないんだろうが，これだけ真面目に聞いてくれるのに，そうするのは失礼だと思えてきた．

正人：僕に分かるでしょうか？

Dr.K：多分ね．今はまあ完全に分かるだろうとは言えないが，それなりに納得してもらえるようにするつもりだ．そのほうが，後々君の役に立つだろう．

小森：なるほど，今の俺よりも，明日のこの子をってわけか．

Dr.K：まあ，そう言うな．しばらくは独り言を聞いてるくらいの気持ちで聞いててくれよ．

　僕が話せることは数学のことだ．

1.11　話すのは数学のこと

小森：そりゃそうだろうね．こっちは元々そのつもりでいるよ．

Dr.K：数学で扱うのは数学的世界の中のことだけで，現実とは何の関わりもないと言ったほうがいい．数学を研究するというのは，数学的世界の中で探索をすることだし，数学世界のさまざまな種類の地図を作ることだという言い方もできる．最近の地図帳にはいろんなデータが載っているものがあるね．地形図だけじゃなくて，道路地図，鉄道や航路，航空路の地図もあるし，海流の図もあれば，海底の地図さえある．世界そのものが豊かで複雑であって，単なる土地の高低を示すだけでは表しきれないからだよね．それと同じで，数学の世界は君たちが思っているような無味乾燥なものじゃなく，とても豊かなものなんだよ．

　だから，数学の世界の中で何が起ころうと世間の人は放っておいてくれればよいようなものなのだが，数学は役に立たないだの，世の中は数学のように決まり切ったものではないと言って非難される．それはむしろね，数学があまりにも役に立つからだ，とも言うことができる．

　逆説的な言い方に感じるかなあ．分かりにくいかもしれないね．数学があまりにも役に立ってしまうから，多くの人は数学が世の中の役に立つためのものだと思いこんで，しかも万能かのように思い

数学的世界というのはどうやら，われわれの世界とは違うもののようだな．しかし，…イデアの世界ね．なるほど，それでプラトンの徒と言ってるわけか…

われながら，誤解されかねない言い方だなあ．数学が与えるのはモデルであって，モデル化することによって，単純化され予想が可能になる．そのようなモデルを作るだけであって，それが現実をよく予測するかどうかは，モデルの立て方の善し悪しにすぎず，数学自体が世界を理解したと言わないほうがかえって…でも，適切な例も挙げずに言っても納得はしてくれそうもないし…モデルの話はまたあとにするか…

こんで，時にうまく適用されないということが起こったりすると，役に立たないと言い立てるということになる．

正人：数学の世界は現実の世界とは違うんですよね．でもそれじゃあ，なぜそんなにも役に立つということになるのですか？

Dr.K：それは多分，同じ人間が考えることだからなのじゃないかな．というか，考えるということに根底的に根差したものだからだ，ということかもしれない．

　数学は英語のマセマティックス (mathematics) の訳語なんだが，フランス語ではマテマティック (mathématiques)，ドイツ語ではマテマティーク (Mathematik) などというように，ヨーロッパのほとんどの言葉では同じ語幹を持っていて，それはラテン語のマテーマチカ (mathēmatica) が語源だからなんだ．またそれは，ギリシャ語のマテーマタ ($\mu\alpha\theta\eta\mu\alpha\tau\alpha$) とかマテマティケー ($\mu\alpha\theta\eta\mu\alpha\tau\iota\kappa\dot{\eta}$) という言葉から来ている．それらは「学ぶ」という意味のマンタノー ($\mu\alpha\nu\theta\dot{\alpha}\nu\omega$) という動詞の派生語で，だから「学ぶべきもの」とか「学ぶことができるもの」という意味なんだ．

　もう少し言うなら，数学とは「学ばなければ獲得できない知識」だったとも言える．つまり，自然に身につくようなものではないということだね．

　極論すれば，子供の自然な発想だけでは，人が，というか人でなくてもいいのかもしれないが，学ぶことのできるものはみな数学だし，学ぶことのできないようなものは数学とは呼べないということでもある．算数の初歩といえども，思いつくなどということはあり得ないということだ．算数の初歩なんて誰にでも分かると思うだろうが，10までも数えられない子にはまず無理だろうね．数えられるということは，誰かが何かしらの仕方で数え方を教えたからだ．そういうことだね．

正人：教えられないものは学べないってことですか．それは，学んだものは，何かの形で教えられたってことですか．ウーン，そうかもしれないな．

　ねぇおじいちゃん，じゃあさ，直接には，現実は学べないということになっちゃうの？

Dr.K：真正面からそう訊かれると，返答に困るけど，古代ギリシャ

「数学」という言葉はマセマティックス伝来より以前からある言葉ですが，意味が異なります．が，それはまた，別の話．

人でなくてもいいって，どういうことだ？ 人なんかいなくても数学はあるって，言いたいのか？

そりゃ，そのとおりだろうが…

の哲学者にヘラクレイトス という人がいてね，その人の言葉として
プラトンが引用しているものに「万物は流転する」（パンタ・レイ）
という有名な言葉がある．

ヘラクレイトス (B.C.540
頃–480 頃)．小アジアの
エフェソスの王族らしい．
著書は難解というが，現
存せず，引用だけで伝わ
る．厭世（えんせい）観
からか，泣く哲学者とも
言われる．弁証法の祖と
いう位置づけもある．

鴨 長明 (1155–1216)．
下鴨神社の神職の家に生
まれたが，望んだ河合社
の禰宜（ねぎ）になれず
出家．平安末期から鎌倉
期への激動の中，望みが
得られなかったことから
の無常観か．歌論，歌集，
説話集もある．方丈記は
和漢混淆（こんこう）文
の文芸の初めでもある．

小森：それは無常観とは違うものなんだろうなあ． 鴨長明『方丈記（かものちょうめい ほうじょうき）』
の「ゆくかわのみずはたえずして，しかももとのみずにあらず」と
いうのとはちょっと違うような感じがする．

Dr.K：同じ無常観でも，ずいぶんとニュアンスが違うんだね．鴨
長明には，流れていってしまって，ここにはなくなってしまうとい
うような，いわば生は必ず死に向かうというような諦観めいたもの
があるが，ヘラクレイトスのほうは，もっと淡々と事実を，という
か世界の本質を見抜こうという意思が感じられるね．そっちの解釈
には，川の水が流れ去り，同じ川に入ることはできないという意味
だという説もあるようだから，見ているものは同じだったかもしれ
ないな．

　まあ，思いの対象が，個人と世界という違いだと捉えてもいいの
かもしれないし，受動と能動の違いとも言えるかもしれない．

　それはともかく，現実世界のものは常に移り変わっている．ある
瞬間にどうであったとしても，その瞬間から現実は変化していき，そ
れについて言ったものはもうない．それについて学ぶことに意味が
あるのか，そもそも学ぶことができるのか．そういうことなんだね．

　学ぶことができるためには，そうした移ろいやすい現実の中から，
変わらない何ものかを取り出さないといけないってことにならな
いか？

小森：そうか，それが抽象の本質だというわけだ．そして，それを

語る言葉が数学ってことか．ウーン，深い．数学ってそこまでのものんだったのか．

Dr.K：そう感心してもらっても何も出ないよ．しかし，話が脇道にそれていくなあ．

　集合の話だ．現実のもので集合を考えるのは構わないが，それは数学で考える集合とは違うということを分かっておいてほしかったんだ．

正人：それじゃ，数学でいう集合とはどんなものなんですか？

Dr.K：ストレートな質問だなあ．そう正面から言われると困るんだ．

小森：何が困るんだ．現代数学は集合論の上に立っているんだと，さっき言わなかったか？

Dr.K：うん，そうなんだがね．

小森：どうした．急に歯切れが悪くなって．素人には言いたくないプロの秘密ってヤツか．

Dr.K：そんな秘密があるわけじゃないんだが...仕方ないね．

　数学科の学生相手の講義でも，その，そもそもの最初のところはあやふやな言い方しかできないんだよ．そこがそれ，集合論の欠陥というやつでね．ただ，数学的思考の対象っていうものがあるわけだ．まあ，考えることができれば何でも対象になれると言ってもいいというようなものではあるんだがね．集合というのは，そういう対象が集まったものなわけだ．それもまた当然，思考の対象になりうるだろう．

　数学で扱う議論に曖昧なところが残ってはいけないので，ある集合を考えるとき，それが集合と呼べるためには，最低限，「どんな対象もその集合に属すか属さないかは決まっている」という性質を満たしていてほしい．そういう要請をするわけなんだ．

　この辺のことは，さらっと触れるだけにするんだ．たいていは何も疑問を持たずに聞き流してくれるから，それから集合論を始めてしまうわけだ．始めてしまえば集合そのものの存在を疑う者は出てこないからね．

小森：フーン，そこがごまかしなのか．

Dr.K：ごまかしてるつもりはないんだがな．どう言ったらいいかな，そうだな，教育的配慮と言ったほうがいいかもしれないな．

J.W. デデキント (1831–1916). ドイツの数学者. ガウスに私淑. 岩波文庫に『数について』がある.

L. クロネッカー (1823–1891). ベルリンの3巨頭の一人として, その時代のドイツ数学界を代表する指導者.

カントールが集合論を作ったそもそものときから, 賛否両論があってね. デデキントなんかは書簡の遣り取りをしながら, 批判もしたがカントールを支え, 数に関するいろんなことに実質的な貢献をしてもいる. しかし, カントールの先生にあたるクロネッカーが強力に反対してね. 反対論にはどちらかといえば感情的な部分が大きかったんだが, それだけにカントールには堪えたんだろうな, 精神病院に入院するまでになり, 病院で亡くなっている. 精神を病んだのはそういう人間関係のせいではなかったという説もあるが, 本当のところは分からない. ある意味, 神に近づきすぎて, その嫌忌に触れたという面もあるかもしれない.

ともかく毀誉褒貶が激しかったんだ. 理論そのものに対しても, 人物に対してもなんだがね. カントールはドイツ数学会の初代会長にもなってるし, **ICM** と略称される, 4年に一度の数学者のオリンピックのような**国際数学者会議** (International Congress of Mathematicians) というものがあるんだが, その第1回の会議がチューリヒで開かれたときの責任者にもなっているし, 当時から高く評価されてはいたんだ…

いろんなことはあるにしても, 集合論は現代的な数学を述べるための, 非常に使いやすくしっかりした足場になっている. ユークリッドの『幾何学原論』が2000年以上もの間数学を記述する典型と考えられてきたのだけれど, 集合論はちょうどそのようなものになったと言えなくもない.

それでも, 根底のところにというか, 最初のところにと言ったほうがいいかもしれないが, ある欠陥があってね. 平和運動家としても有名なバートランド・ラッセルは哲学者でもあるが数学もやっててね, **ラッセルのパラドクス**と呼ばれるものを考案して, 安易に集合を考えることに警鐘を鳴らしている. カントール自身もそのことは知っていたらしいんだが, それも精神を病む理由の1つだったかもしれない.

ラッセル (1872–1970). 哲学者で, 数理哲学者で, 平和運動家.

小森：あ, 俺には面白いんだがな. 正人が置いてけぼりになってるみたいだな. 顔を見てるかぎり, 少しは分かってるようじゃあ, あるんだが.

正人：あの, 済みません. 面白くないわけじゃないんですが, 分か

んないことのほうが多くて，で，やっぱり難しいです．何だか，頭の中がぐっちゃぐちゃになっちゃった感じ．で，何の話でしたっけ？

そうそう，5つのリンゴが集合を作るのかという問題だったじゃないですか．それはどういうことになるんですか？リンゴが変わらなければいいのかなあ？

1.12 本当に，5つのリンゴは集合になるのか？

正人：そうか，変わらないということはありえないってことだっけ．

ちょっとの間ならいいけど，たとえば1時間か2時間くらいなら，皿の上のリンゴが崩れてくるとかは起こりそうもないけど．

そんなことないかも...　起こるかもしれないな．こんなことがあったんです．リンゴに蜂蜜をかけて，庭の木の下に置いておくとね，そのうち急に何となくだけど空気が変わるんですよ．音はしないんだけど，ザワって感じ．気がつくとアリが来てて，それからは，あっという間だった．リンゴに黒い模様ができて，形も崩れて．小さい頃にそんなことをして，お母さんに叱られたことがあるんです．

Dr.K：それは面白かったろうね．まあ，それはともかく，5つのリンゴが，無残な残骸になるのに1日もかからないだろうね．5つのリンゴの集合について何かを語っても，それはその状態が保たれている間だけしか有効ではないし，ある意味それはいつまで続くか分からない．

現実のものには変わらないものはありえないわけだ．変わらないように見えても長い時間があれば変わる．最近は早送りの再生を見る機会も増えたから，動かないように見える氷河が動いていくとか，リンゴだったか何だったかは覚えていないが，置いておいて腐っていく様子とかを見たことがあるような気がする．たとえばそれはまた，目には見えないが，細菌などが増えていく様（さま）でもあるわけだ．

5つのリンゴの集合と呼んだとして，それについてある程度数学的議論をしようと思えば，その5つの中のリンゴかどうかの確認がいつでもできないと困るわけだ．1つのリンゴであっても，それが持っているさまざまな属性が変化していく速さは，属性によって一

定ではない．そういうことを考えはじめると，同じ対象と考えていることが不安になってくる．

じゃあ，5つのリンゴの集合という言い方をしてはいけないのかと言えば，そうでもない．本当の集合というわけではなくても，一定の時間の間ならというか，突発的な予期せぬ出来事が起こらないかぎり，集合だと思ってもあまり差し支えがない．また，時刻を定めてその瞬間のリンゴの集合ということなら言える．それについて何かを言ったとしてもそれほど意味のあることではないかもしれないが，意味のないことでもない．

まあ，5つのリンゴは，擬似的には集合と言っていいだろうし，いちいち擬似的というのも面倒だし，数学的対象でないときには擬似的であることに決まっているのだから，単に集合と言ってもいいだろう．ただ，本当の集合の条件を満たしているわけではないので，その条件についての監視を忘れないようにしないといけないわけだ．

小森：数学者は永遠と刹那とを行き交うというのか．まるで神だな．

Dr.K：そんなことはないさ．まあ，神に近づきたいとくらいは思っているかもしれないが，人間には超えられない限界があることも事実で，それをこの**集合の幽霊**という「パラドクス」が教えてくれるとも言える．

小森：欠陥というのは，それなのか．さっきは幽霊の集合というものはないという話だったけれど，集合の幽霊ならあるのか？　何だか変な話だなあ．

> パラドクスは英語でparadox．元はギリシャ語で，「信じられないもの」を意味する．逆説と訳されることが多い．矛盾を自分の中に含むように見える主張だが，かえって事態の深い特性を表すようなものを指して言う．

1.13　集合の幽霊を見る前に

Dr.K：変な話だから欠陥なんだけどね．

小森：そりゃそうだ．まるで笑い話だな．

Dr.K：しかし，深刻なことは深刻なんだ．

正人：何だか聞いていると，たくさんの性質を持つものは集合の要素にはなれないってことのように聞こえますが．

小森：確かにそう言ってるような感じだな．

Dr.K：鋭いところを突いてくるね．まさにそのとおりと言ってもいいのだけれど，そう言ってしまうと，また別の誤解を生みそうだ．

その属性というものが数値化されていれば扱うこともできる．というか，数値化されていないと扱うのは難しいだろうね．属性が多い場合には，それぞれが表す数値を，いわば「束ねた数」のようなものを考えなくてはいけないことになる．そういうことが，（ベクトルなどの）高次元の量を導入する理由になる．数値でなくても，何かしら数学で扱える対象になっていればいいんだけどね．

正人：何だかすごく難しそう．そうしないと，5つのリンゴの集合を扱えないんですか？　それじゃ困るなあ．でもさっき，扱えないわけじゃないって言いませんでしたか？

小森：正人，いいツッコミだ．おじいさんもそこのところを訊いてみたいと思ったよ．

Dr.K：はは，もうタジタジだね．

　ごまかすつもりはないんだが，それに答えるのはとても難しいんだ．そうねえ，敢えて言うとすれば，リンゴの持っているさまざまな属性のうちある1つのものだけを考えて，その属性を持つ「点」というか「モノ」というかね，そういうものとしてリンゴを捉えることにすれば，考えられなくもないということかなあ．

正人：その「点」とか「モノ」とかというのは何なのかということは，今は訊いちゃいけないんですね？

Dr.K：そうしてもらえるとありがたい．そういう疑問は数学というより哲学のほうの問題になっちゃうと言ったほうがいいだろうな．

　そういう根本的な問題はまとめて，「数学基礎論」という名前を貼り付けた分野に閉じ込めて，僕らのような普通の数学者は，普段は忘れた振りをすることになってるんだ．論理の進め方自体を対象とするような細かい話もその分野に閉じ込める．

　そうしないで，考え出すと，それこそ何も進まないことになるんでね．仕事をしないと，この世界でも食べていくことができないのさ．ウーン，我ながら苦しいなあ！！

正人：じゃあ，その「点」とか「モノ」とかいうのは何かということは訊かないことにします．でも，その1つの属性というのは何なんですか？

Dr.K：マー君が優しく言ってくれるので助かるよ．

正人：ぼくはただ，分かりそうもないことにこだわるよりも，分か

りたいと思ったことを，少しでも分かっておきたいと思っただけなんです．

Dr.K：あ，それもキツいね．

小森：それはいいからさ，その属性が何なのか，ごまかさずに教えてくれるんだろうな．

Dr.K：それはそうするつもりさ．でも，教えるよりもさ，何なのか考えてみてくれる？

小森：おっ，逆襲か．ウーン，何なのか，見当もつかんね．正人はどう思う？

正人：クイズっぽく答えてもいいのなら，「そんな属性はない」という答えが良さそうなんですが．ウーン，どうしようかなあ ... 属性のないただのモノ？ これがいいかな．どうですか？

小森：ただのモノと言っても，モノは何かということは考えてくれるなと，言われてるしなあ．「ある」ってだけのモノ？ そんなことで答えになるのかなあ．

Dr.K：いやあ，君たちには脱帽だね．ここでは，存在・非存在だけが判定できるものというか，存在だけを属性として，それを持つかどうか，つまりは，あるかないかだけが決まっているもの，そんなふうに思ってくれないか．

　ここでこれ以上こだわっていても非生産的だから，先に行ってもいいかな．リンゴの集合のことはまた今度のときということにして，集合の幽霊の話にしたいんだけど．

　それについて話すためにも，最低限の予備知識というか，了解事項というものがあるので，それを話さないとね．

小森：そうだな，美味いものをご馳走するからと言って来てもらっているのに，サンドイッチしか出してないしな．時間もずいぶんたったから，駆け足の説明でもいいぞ．気になることも出るだろうけど，どうせ一度で分かる話じゃなさそうだし，また今度のときに訊き直せばいいし，正人もそれでいいかい？ 今日のところは勘弁してやってくれ．

正人：今日は新しいことをいっぱい聞いたので，頭の中がブンブン鳴ってて，熱が出そうなくらいです．今からの話は難しそうだからすぐには分からないでしょうが，ともかく一度聞かせてもらいます．

復習もして，頭になじませてから，今度また聞くということでいいですか．

Dr.K：じゃあ，お言葉に甘えることにして．

　今までの話は，集合というよりは，集合の要素とする数学の対象というのはどういうものであるべきか，という感じの話だったね．それをはっきり規定するのはしたくもない，というか，するのはとても難しいので，しないでよいことにしてほしい．ただ，集合の要素として考えられるために，持っていてほしい性質として，2つのことだけを要請しておく．

　ある集合を考えたとする．何であってもそれが数学的対象であるなら，その集合に属すかどうかが判定できること，もう1つはその集合に属する要素同士について互いに等しいかどうかだけは判定できるということだ．この2つのことくらいはできないと困る．だから，それだけは成り立つことを要請するんだ．

　ここまではいいかな．

小森：そりゃ，困るだろうな．良くも悪くもさ，それくらいはできないと何ともならんだろうな．むしろ，それくらいのことでいいのか，と訊きたいくらいだが．

　さっきのことで言えば，「点」というのは自己同一性のみを属性とする存在ってことになるか？

Dr.K：いや，うまいことを言うね．とってもいいんじゃないかな．

　そして，いろんな属性を考えたいっていうことなら，それらの点に属性を表すパラメータ空間の元をくっつけて，「場」みたいに考えると分かりやすいかな．

小森：いや，まるで分からん．が，今はまあ，分からんでもいいことにするか．

Dr.K：わるいわるい．そのことは忘れてくれ．

　何回か数学の話を聞いてくれるようなことになったら，自然に話題に出てくるだろうけどね．

　そういうことは背景もなしに説明しても分からんだろうし，背景も込めて説明するとなると，せめて10回くらいは講義しないといけなくなるし．

小森：そりゃこっちで勘弁してもらおう．先へ行ってくれ．

あ，また，要素と元を断りもしないで交ぜてしゃべってるなあ．質問されるまでは，黙ってこのままにしておこう．点も同じだなんて話になると，本題でないところで悩みはじめるだろうし，もう少し慣れてくると，きっと質問してくるだろう．してこなければそれでもいいかな．そのほうが面倒くさくないし，そんなに気にするほどのことでもないし．

Dr.K：さて，集合として考えられるものは何かということにはいろいろと哲学的な問題があることを承知してもらった上でのことだが，それでも，考えられる集合をすべて考えることができないと都合が悪い．

　ちょっと分かりにくいかな．すべての集合というものを考えたいと言ってるんだけどね．まあ，何かある集合の候補を考えたときに，いちいち，これを集合と認めるかどうかなどという議論をしているのは大変だしね．集合の候補を持ち出したら，それを集合と認定するかどうかということは決まっていてほしい．だから，それは決まっている．それくらいの仮定なんだけどね．

　ここまではいいかな．

小森：良くもないが，「毒を食らわば皿まで」の気分だな．

Dr.K：そこでだ，すべての集合を考えることができたとすれば，それは集合だろうか？ 集合でないと気持ちが悪くないかい？

小森：ま，それはそうだろうな．

　ああ，だんだん填まっていくような気がしてきたぞ．でもまあ，仕方がないか．それで，すべての集合の集合がどうかしたのか．

Dr.K：どうもしない．それがパラドクスなんだ．

小森：何を言ってるんだか，さっぱり分からん．

Dr.K：そりゃ，そうだろうな．説明はこれからだ．

　ある集合とか，別のある集合とか言うのが面倒だし，その上あとでその集合に触れるとき，最初に言った集合とか，2度目に言った集合とか言うのも面倒だから，つまり，それだけの理由だが，記号を使わせてくれるとありがたい．

　いいかな．記号で述べたあとで，そっちが希望するなら，必ず言葉で言い換えるからさ．

小森：まあ，程度問題だな．ごまかされそうな感じがしたら，ストップをかけていいだろうな．

Dr.K：もちろんさ．ある集合を考えて，とりあえずそれをAという名前で呼ぶ，ということを，数学者の言葉では「集合Aを考える」と言う．

　どうだい，これくらいはいいかな．マー君，いいかな．アルファベットを使うのが嫌なら，集合「ア」と言ってもいいんだけど，かえっ

「数学では」と言いそうなところを「数学者の言葉では」と言ったな．口が滑っただけなのか，それとも何か意味があるのか？

て混乱すると思う．小学校でも英語を教えるようになっているし，アルファベット自体は世の中にあふれているから，構わないかな．

正人：もちろん，構いません．

小森：いいのか，正人．そう簡単にいいと言わないほうがいいと思うんだが，まあ，いいことにしておこうか．

Dr.K： まるで早口言葉だね．

　さて，許してもらったところで，集合 A のすべての要素を含んでいるような集合 B があったとする．そのとき，A を B の**部分集合**と言うんだ．つまり，集合 A は集合 B の一部分であるような集合だってことさ．**ベン図**と呼ばれる形式で描くとこの図のようになる．

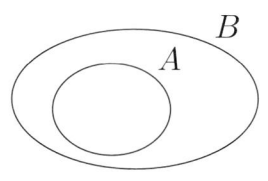

　別に集合を丸く描かなければならないということはない．閉曲線で囲まれた領域になっていればいい．つまり，境界の線の内部にあるか外部にあるかが確定していればいいんだ．

　だから，境界線は自己交叉していなければ，どれだけくねくねと描いてもいい．今は必要がないが，少し複雑なことを考えようとすると，どうしても素直な形の領域にはならなくなる．

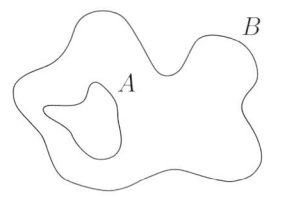

　さて，ここまではいいかな．ついでに言っておくと，このとき，A は B に含まれるとか B は A を含むとか言うことがある．

　図を見るとそんな気分だね．中の丸のすぐ外に A と書いてあるのは，中の丸で囲まれた領域が集合 A を表しているという感じになっている．

　じゃあ少し例を考えてくれるかな．

正人：リンゴじゃなくて，数学的なものがいいんですよね．数がいいですか？

何だか数学用語が続々出てきた感じだが，常識的な範囲で考えておけばいいんだろうな．

Dr.K：リンゴの数を数える話は次回にするつもりだから，今は数にしてくれるかな．たとえば，A を 1 と 2 からなる集合としよう．そのとき，$A = \{1, 2\}$ と書くのはいいかな．

正人：はい，いいです．そうすると，1 と 2 を含んでいればいいんですから，たとえば $B = \{1, 2, 3\}$ でいいんですよね．このとき，A は B の部分集合ですね．

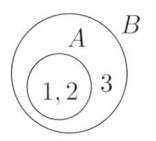

Dr.K：そうだね，それでいいよ．さっきの図に要素を書き込んでみると，上のような図になるね．

また，たとえば，$C = \{1, 2, 3, 4, 5, 6, 7, 8, 9, 10\}$ を考えてみれば，A は B の部分集合でもあるし，C の部分集合でもある．B も C の部分集合だね．

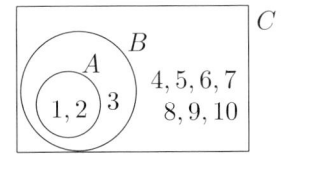

こうやって，要素を全部書くとはっきりはするが，要素の数が多くなると，とても書き切れないし，さっき，1 から 100 まで書いたときのように，書き漏れや書き損じなんかも心配になる．そこで，この集合 C のことを，$C = \{n \mid 1 \leqq n \leqq 10\}$ というような書き方をすることがある．これもいいかな．

正人：えっ，何ですかそれ？　C というのは 1 から 10 までの数を全部集めたもので，前は $C = \{1, 2, 3, 4, 5, 6, 7, 8, 9, 10\}$ と書いたんですよね．なるほどね，だから，$C = \{n \mid 1 \leqq n \leqq 10\}$ としてもいいということになるんだ．

はい，これくらいなら分かりますけど，どんどん記号を増やされると，分かっていいものも分からないってことになりませんか？

Dr.K：ウーン，そこだね．例としては，まあ C 程度の比較的易しい集合を挙げるわけだ．その段階で記号を導入して，記号に慣れて

もらったら，その記号の能力をだんだんフルに発揮するというように
していくわけなんだ．

確かに C 程度なら，すべてを書くよりも若干便利かなというくら
いだね．でも，さっきみたいに 100 までだとしたら，全部書くのは
大変だし，そのつもりでも幾つか書き忘れるなんてことも起こるか
もしれないだろう．でも，こっちの書き方だと，そういう間違いは
起こらない．$\{n \mid 1 \leqq n \leqq 100\}$ と書けばいいんだから．10000 まで
での集合を考えるなら，こうしてもよいというよりも，むしろ積極
的に記号を使って $\{n \mid 1 \leqq n \leqq 10000\}$ と書かないと表せないと
言ったほうがいいくらいだよ．

易しい例で話しているときにも，常に無限に多くのものを暗黙に
想定しているわけなんだ．そして，そのときにも使える形を用意し
ておくということなんだが．だから，無意味な抵抗をやめて受け入
れてほしい．その代わり，抵抗に理由があると思えば，説明をし直
したり，説明の角度を変えたり，また，記号の使い方も出したり引っ
込めたりしていくから，だんだんと慣れていってもらいたいんだよ．
抵抗したいときにはいつでも言ってもらえばいいからさ．

よーし，ていこう
するぞ！！！

じゃ，そういう話はまたのことにするが，悪いけど，もう少しだ
け記号と言葉を用意させてほしい．1 と 2 は A にも B にも C にも
属しているよね．この「属している」とか，「要素である」というこ
とを，たとえば，$1,2 \in A$ や $1,2 \in B$ のように書くんだ．

もちろん $1,2 \in A$ というのは，$1 \in A$ と $2 \in A$ をまとめて書いた
だけのことだ．数学独特の記号の使い方というより，一般常識的な
使い方だと言ってもいいんじゃないかと思うが，いいかな．

正人：3 が A の要素でないということを表す記号もありますか．

Dr.K：それは $3 \notin A$ と書くんだ．

小森：それはまた安直というか，分かりやすいというか．

Dr.K：記号というのは分かりやすくするためのものだからね．

これらの記号で書けるものを少し，思いついただけ書いてごらん．

正人：図を見ながら書けばいいんだから簡単だ．こんなふうでいい
かなあ．

$$3 \in B, C$$
$$1, 2, 3, 4, 5, 6, 7, 8, 9, 10 \in C$$
$$7 \notin A, B$$

Dr.K：いくつか書いているうちに感じがつかめてくるだろう．

小森：なんか，簡単すぎるような気がするな．こんなことをしてて，数学者も悩むというパラドクスとやらに行き着けるのかい？

Dr.K：記号に慣れるために易しいところで練習して，頭と体になじませないとね．大学の講義だとどうしてもそういう時間が取れなくて先に行ってしまう．なじんでない概念や記号を使うと，発想の飛躍がしにくいんだ．

　それはともかく，もう1つ記号を入れさせてもらうよ．概念としては既に言ったことを，記号で書けるようにするだけだから，負けておいて．

正人：負けておきますから，練習させてくれますよね．

Dr.K：それはもちろんさ．

　さて，一般に集合 X が集合 Y の部分集合であるとき，$X \subset Y$ とか $Y \supset X$ とか書く．

小森：何だい突然，その X, Y っていうのは．

Dr.K：別に何でもない．このアルファベットは集合に仮につけるラベルだけれど，すぐ前に A とか B とか出てきただろう．だから，それとは全然別のものだよという気分で，A, B なんかとは離れた位置にある X や Y を使っただけさ．

　アルファベットの代わりに「ア」とか「イ」でもいいし，漢字を使ってもいいけど，数学はそのまま世界中で通用するものなんだ．それで，現在の世界で一番なじんでいる人の多い，英語のアルファベットを使うことが多い．マー君もアルファベットは全部知っているだろうねえ？

正人：ええ，そのこと自体は構わないんですが．練習にいくつか書いてみますから，変なことがあったら教えてください．

$$A \subset B \subset C$$
$$C \not\subset A, \qquad C \not\subset B$$

　あれっ，C はどうなるんだろう？

Dr.K：C がどうなるかって，どういう意味？ C が C の部分集合

かどうかってこと？

　そうだね，それは大切なところだね．で，どう思う？

小森：C を C の部分集合と思おうと思うまいと，どっちでもいいような気がするな．それにそんなことは，数学者が勝手に決めてるんじゃないのか？　違うのかい？

Dr.K：それも大きな誤解だよ．どう決めてもいいとはいうものの，好き勝手に決めていいわけじゃない．まあ，決めるだけなら決めてもいいんだけど，それによって，作られる数学的世界が意味のあるものになるか，さらには豊かなものになるかってことが違ってくる．それで，ある程度時間がたつと，自然に決まっていくもんなんだよ．

　で，今の場合だけど，もう既に決まっているよ．

小森：どういうことだ？　ああ，さっき部分集合の定義をしてたなあ．その定義を当てはまれば，決まっているってことか．

正人：おじいちゃん，僕がやってみるから，やらないで．いいでしょ．

　一般に，ということだったから，X のほうがいいかな．$X \subset Y$ の定義を思い出すと，X のすべての要素が Y の要素のときに X を Y の部分集合っていうんだったよね．

　あ，だったら，$X \subset X$ は当り前だよね．だから，先生は，何も言わなかったのか．

Dr.K：マー君はやっぱり柔軟だねえ．さっき書いてくれたいくつかの式でも，否定の記号もこの場合にちゃんと応用できていたしね．

　他にも集合を考えてみよう．散漫になるといけないから，C の部分集合の中で考えたらどうかな．

正人：じゃあ，$D = \{3, 6, 9\}$ とか $E = \{2, 4, 6, 8\}$ なんかはどうでしょうか．

　さっきの図を描き直して，数字の場所を動かしてっと．

　$A \not\subset D, E$ だし，あ，$D \not\subset E$ ともなるし $E \not\subset D$ ともなりますねえ．何だか，集合同士が部分集合になり合うことは少ないのかなあ．

　そうかあ，どういう数字の組合せを考えても C の部分集合になるから，どうしてもそうなっちゃうよねえ．

　正人はずいぶん馴れ馴れしくなってきたな．ほとんどため口になってるな．俺と K の友達としての会話に自然に入り込んだせいだろうが，敬語の使い方を教えておかないと社会に出たときに困るだろう…K が嫌そうな顔をしてないのは普段接してる学生から尊敬されていないからかもしれない…

　この図から思いつくまま包含関係を挙げてみますると，

$A \subset B \subset C$

$C \not\subset A, B, D, E$

$A \not\subset D, E$

$B \not\subset D, E$

$D \not\subset E \subset C$

$E \not\subset D \subset C$

などとなりまする．

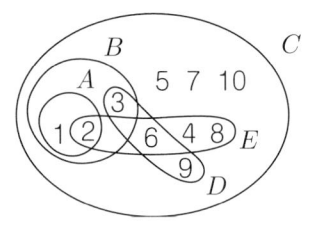

Dr.K：D や E はこうやって，すべての要素を書き上げるんじゃなくて，E なら 1 桁の偶数の集合とか，D なら 1 桁の 3 の倍数の集合ということができる．たとえば，$D = \{n \in C \mid n$ は 3 の倍数 $\}$ というようにできる．

　意味は分かるよね．この場合，D が n を要素とする集合であることを表している．n はいわば，関数の変数のようなものだ．縦棒の $\mid$ の前は大前提として n をどの範囲で考えるかを表している．つまり，何よりもまず n が C の要素であるということだ．

　n が C の要素であるというのは，n が 1 から 10 までの整数だということと同じなんだが，いったん C という集合がどんなものかが了解されていれば，あとは C という名前だけを使えばいいということだから，便利だろう．

　そして，$\mid$ の後ろには，その要素 n が満たすべき性質を書くわけだ．この場合は，n が 3 の倍数であるということだけど，つまり，3 の倍数である，1 から 10 までの数からなる集合だということで，これが 3 と 6 と 9 しかないので，集合 D と一致するということだね．

　大事なことは，大前提で指定されたその範囲の要素に対して，その性質が満たされるかどうかを判定できるということが，こういう形式で集合を表すことができるための条件であるというということだ．

　条件は 1 つとは限らないので，ここに，並べて書くと，書かれたすべての条件を満たすという意味になる．

小森：その上，その性質を記号で書くことができれば，もっと簡潔に書けて，数学者好みだが，門外漢には分かりにくいものになるってわけだな．

Dr.K：ああ，そうだよ．お望みなら，C という便宜的な記号を使うのをやめて，$D = \{n \in \mathbb{N} \mid n \leqq 10, 3 \mid n\}$ と書けば，余計な情報を使わない簡潔な書き方になるね．さらに $\{n \in \mathbb{N} \mid n < 100, 3 \mid n\}$

と書けば，2桁の3の倍数全体の集合を表すことになるし，$\{n \in \mathbb{N} \mid n < 10^k, 3 \mid n\}$ と書けば，k桁の3の倍数全体の集合を表すことになる．

小森：あはっ，冗談のつもりだったのに，まともに答えるなよ．しかし，せっかく教えてくれたんだから，記号の意味も教えてもらっとくかな．

Dr.K：あ，ごめん．冗談だったのか．

まだ，話に出す予定じゃないことだったけど，お望みならばと思ったんだがね．そうか，冗談だったのか．そりゃあ，そうだろうな．

それはともかく，$\mathbb{N}$ は**自然数**全体の集合を表す記号で，$a \mid b$ というのは b が a の**倍数**，つまり a が b の**約数**であること，つまり，b が a で**割り切れる**ことを表す記号だ．取りあえず納得してくれたら，忘れてくれ．集合の幽霊の話には関係がないから．

もっと数学的に言いますと，$b = ac$ を満たすような自然数 c が存在すること，なんですが．

小森：ああ，そうだったな．集合の幽霊の話をするための予備知識を話してくれていたんだった．長い前置きだったな．で，前置きは終わりか？

Dr.K：せっかく2種類の集合の定義の仕方を話したので，それぞれの定義の名前を話しておくよ．名前だけだから我慢してくれ．

ものの名前じゃなくて，定義の名前ね．思考のレベルというものが上がったり，下がったりしてるな．K は無意識にしてるんだろうが，はじめてだと戸惑うな．それにしても正人はついていくなあ．若いっていうのは，できるはずのこととできてしまうこととのギャップが大きいってことかなあ．

たとえば D なら，$D = \{3, 6, 9\}$ のように，属する要素をすべて書き上げるのを**外延的定義**（がいえん）と言い，$D = \{n \in C \mid n は3の倍数\}$ のように要素の満たすべき性質を与えるのを**内包的定義**（ないほう）と言うんだ．

外延とか内包というのは，数学というより哲学というか論理学の用語だから，数学のほうで易しい言葉が使いたいと言っても，そうはいきそうにない．

じゃあマー君，E の内包的定義をしてみるかい？

正人：やってみます．$E = \{n \in C \mid n は2の倍数\}$ としたらいいんじゃないかな．

Dr.K：惜しいね．それだと E に 10 が入ってしまうよ．

正人：じゃあ，$E = \{n \in C \mid n < 10, n は2の倍数\}$ としないといけないんですね．

Dr.K：どうしなければいけないというようなことはないが，それでもいいね．$E = \{n \in C \mid n \leqq 9, n は2の倍数\}$ としても，いっそ $E = \{n \in \mathbb{N} \mid n < 10, n は2の倍数\}$ としてもいい．さらに

$E = \{n \in \mathbb{N} \mid n < 10,\ 2|n\}$ としてもいい.

正人：わあ，すごくカッコいい．でも，全部おんなじことなんだね．

Dr.K：そうだよ．君のように，記号が出てきただけで恐がるようなことをしないでいてくれれば，難しいことを言っていないことが分かるんだけどねえ．

小森：だが，同じことなら，何も記号で書かないで，文章のほうが分かりやすいだろうに．業界用語を使うと，他業種の人が分からなくできる，という効果を狙ってるのか．

Dr.K：そんなことしてないよ．むしろ，誰にでも分かるようにしてるだけなんだがなあ．

　今の場合，問題にしている性質が単純なので，文章で書いても大した違いはないけれど，性質が複雑になってくると，記号で書かないと読むだけでも大変だし，さらに文章の持つ多義性が入り込んでくる可能性が増える．

小森：文章で書くと，長くなって，かえって意味が取りにくくなって，曖昧になる．ウーン，ありそうなことではあるな．

Dr.K：じゃ，いいかな．

　さて，集合の幽霊の話に進む前に，ちょっとした注意をする．

小森：おっ，ちょっとした注意をするだなんて，数学者っぽい話し方になったぞ．こういう話し方になると，話が突然難しくなるんだ．

正人：そうだね，おじいちゃん．何だか，雰囲気がぴりっと引き締まった感じがするね．

逆襲だな．気がついてないふりをしておこう．

1.14　集合の幽霊

Dr.K：では，さっきの A から E までの集合を例として説明するよ．$1, 2 \in C$ ということと $A = \{1, 2\} \subset C$ ということは，同じことのようだが違ってもいるよね．

小森：数学的な内容は同じだけれど，表現形式が違うってことか？

Dr.K：まあそうだ．だが，いま言いたいのは，1 や 2 が数学的対象であるだけではなくて，それが作る集合 $A = \{1, 2\}$ も数学的対象だということだ．

小森：そりゃあ，そうだろうさ．何か問題でもあるのか．

Dr.K：問題は何もないさ，それを了解していてくれればそれでいい．

小森：なんか変だな．それだけのことを言うのにあんなに勿体をつけたのか．

Dr.K：ン？　まあその，なんだ．一般に集合 X を考えたとき，その部分集合 Y を考えたら，それはまた数学的対象だ．ね，だから，Y が全く別の Z という集合に属すかどうかは判定できるべきことなわけだ．

正人：それはつまり，集合を要素とする集合も考えるってことですね．

Dr.K：素晴らしい！　そのとおりだ．

小森：何だか，ごまかされてるような感じがする．お前が「素晴らしい」と言うたびに，話のレベルというかトーンが変わっているような気がする．

　　ま，急いでいるってことで許そうか．でも，せめて例を挙げてくれ．

Dr.K：一番簡単なものだと，集合 X の部分集合全体の集合 $\mathfrak{P}(X)$ だな．そうすれば，$X \in \mathfrak{P}(X)$ となる．

正人：何ですか，その変な字は？

Dr.K：あ，これはね，ドイツ語独自のアルファベットの字体で，英語の P に対応している．ドイツ語だから「ペー」と発音するんだ．だから，$\mathfrak{P}(X)$ を日本人の数学者が発音するときは「ペー・エックス」ということが多いね．英語として読むときはどうするんだろう？「ペー・オブ・エックス」なのか，やっぱり「ピー・オヴ・エックス」というべきなのかなあ．多分，字を書いて読むんなら，どちらで発音しても分かってもらえると思うけど．

　　それから，$\mathfrak{P}(X)$ のことは X のベキ集合というんだが，それを英語なら power set と言うんで，その頭文字を取ったんだよ．あ，set というのは英語で集合のことだ．

小森：無敵の数学者というイメージが崩れたな．

　　それはともかく，これじゃあ例になってないだろう．$\mathfrak{P}(X)$ なんて分からんもんを持ち出されても，説明になってないだろう．大体何の例なんだか...ン？　何の例だったっけ．

Dr.K：いやあ，それは説明したつもりだったんだがなあ．集合を要素とする集合の例だよ．そういうものとしては一番簡単な例なんだがな．そうか，X が一般なんで，例のような気がしないってわけか．

　一般のものが例なんて思いにくいなあ．数学の中での例ということなんだろうな．僕らが普通の世界にいることを先生はすぐに忘れてしまうんだろうな．いい小説を読んでると，小説の世界の中に入り込んでしまうように感じることがあるけど，先生は数学のことを考えると，すぐに数学の世界に入り込んじゃうんだろうか？

じゃあ，$A = \{1\}$ としよう．前の A は忘れてくれ．

小森：ストーップ！ ダメだよ K，俺たちは数式を使うのには慣れてないんだからさ，特に正人はそうだ．せめて，1日のうちはさ，記号は1つの意味でしか使わないようにしてくれないか．

Dr.K：それじゃ多くのことは...分かった，分かった．悪かったよ．まだ数学に慣れてないってことより，元々数学の考え方に慣れてもらうのが目的の一つだったのを忘れてたよ．すぐ忘れるんだよなあ，いつでもストップを掛けてくれていいからね．

急ぎすぎなんだよな，やっぱり．じっくり行くつもりでいるんだが，ウーン，これが三つ子の魂になってしまってるんだろうかなあ．

$A = \{1,2\}$ だったよね．A でやってもいいけど，もっと簡単なものとしてさ，$F = \{1\}$ を考えよう．これでいいかな．さらに，要素を1つも含んでない集合を**空集合**（くう）と呼んで，$\emptyset$ と書く．

空集合自体の意味も，空集合を任意の集合の部分集合と考えるということも，意味を考えてみると，なかなかに深いものがある．突然見慣れない記号が出て来て辛いかもしれないが，むしろ概念が深いんで，記号だけでも決めておかないと訳が分からなくなっちゃう恐れがあるんだ．暗夜（あんや）の灯台のようなものと思ってくれ．

正人：空は「から」じゃなくて「くう」と読むんですね．難しいことのように見えて，かっこいいな．

Dr.K：まあ，意味さえはっきりしていれば，どう呼んでもいいようなものなんだけどね．「からしゅうごう」と言うと何だか変な感じがするだろう．ウーン，そうでもないか．数学的な定義以外の意味を連想しやすいような読み方は避けたほうがいいというくらいのことなんだがね．

さて，空集合を外延的定義で書けば，$\emptyset = \{\ \}$ となる．中には何もない．そして，$\emptyset$ はどんな集合の部分集合とも考えることにしている．

すると，$\mathfrak{P}(F) = \{\{\ \}, \{1\}\} = \{\emptyset, F\}$ となる．

正人：あの，内包的定義というのもできるんですよね．

Dr.K：そうだね，ベキ集合の定義は $\mathfrak{P}(X) = \{Y \mid Y \subset X\}$ ということになるけど．そうか，少し内包的定義の復習をしておいたほうがいいね．さっきの君のしてくれた，$E = \{n \in C \mid n < 10,\ n$ は2の倍数 $\}$ で考えてみよう．

$\mid$ の前はどういう集合の中で考えるかということを表していて，

| のあとはその要素が満たすべき性質が書いてあるんだったね. C のすべての要素を考えて, その性質を満たせば E に入れ, 満たさなければ E には入れないということをするわけだ.

こういうことは全数検査できるような集合に対してならできると思っていいよね. 有限集合ならいいだろうが, 実はその辺りで集合論に対する態度が数学者の間でも意見が分かれるんだ.

それはともかく, 内包的定義で $\{x \in X \mid P(x)\}$ と書けば, X の部分集合が得られるわけだ. $P(x)$ というのは x に関する性質を述べた文章ということだ.

訊かれる前に言っておくか. なぜ, $P(x)$ と書くかっていうとね, アリストテレス以来そういう文章を**命題**と言って, 英語だと proposition というからだ. ここで重要な要請は, 少なくとも $x \in X$ に対しては, $P(x)$ が真であるか偽であるかが定まっていること, というものだ.

小森：そりゃ, 真であるか偽であるかも決まらないようなものを考えても困るだろうな.

Dr.K：いやあ, 健全な精神の持ち主で, ありがたい.

小森：むやみに疑い深くしてもしかたがない. 分からせてほしいから, 来てもらっているんだからね. 教えを請う側の最低限の礼儀というものだろうさ.

で, この長口舌は何なんだ. ああ, 舌を嚙みそうになった.

Dr.K：いやあ, 内包的定義で, X の部分集合が得られるということだけだよ. ここまではいいよね.

さて, $P(x)$ という命題は, x を与えるごとに真か偽かが決まっているというだけで, 真になっても偽になってもいいわけだね.

そこで, すべての $x \in X$ に対して $P(x)$ が真であることもあるだろうし, 偽であることもあるってことはいいだろう.

正人：わあ, スゴイね.

小森：何がスゴイんだ.

正人：だって, それで, $X \subset X$ や $\emptyset \subset X$ が分かっちゃうんだもん.

小森：あ, なるほど.

Dr.K：でもまあ, そうするとね, 空集合でもそういうのは X の部分集合としての空集合だよね. それが別のどんな集合の部分集合で

---

pro というのは「前に」という意味の接頭辞, position は「おくこと, おいたもの」ということで, 「前に置くこと」というのが元の意味だということも, 命題が複数あるときは, P' でも P_1, P_2 でも Q や R でもいいことも言わないでおこう. アルファベットのこの辺りの文字で大文字を使うという慣習についても, 話が長くなるからやめておくか. ああ, ベキ集合で $\mathfrak{P}$ というフォントを使ったことまで…, 先に進まないと言いたいことを忘れてしまいそうだ.

なるほどとは言ったけど, どうしたらいいんだ. $X = \{x \in X \mid x \in X\}$ と, $\emptyset = \{x \in X \mid x \notin X\}$ でいいのかな.

もあるというのには，まるっきり違和感はないかい？

小森：それをお前が言うか？　空集合には変わりがないだろうさ．何せ，要素がないんだから，違いを見つけようがない．

　　と言ってはみたが，何だか，だまされたような気もするなあ．

Dr.K：だましたわけじゃないが，多少すっきりしないところが残るかもしれないね．それは多分，$P(x)$ という命題が X の要素に対するものになっているだろうというところから来ている…

小森：確かに，そんな気もするなあ．

Dr.K：だから，$P(x)$ として，X の元かどうかに関係がないような，絶対に成り立たないような命題を持ってくれば，どうだい．得られる空集合は普遍的な感じがするだろう．

小森：ウーン，空集合ねえ．何でもないもののようでいて，意味深長な概念だなあ．

　　それがまあ，哲学だってことなら，「無」を表わすってことになるんだろうな．「無はすべての実在の中に在る」ということが，空集合をすべての集合の部分集合と考えるということだというわけか…まったく不思議な概念だなあ．フフフ…，嬉しくなってしまうな．

　　それで，数学的には，それが一番簡単なのか？　当り前だというなら，むしろ当り前すぎる感じだなあ．何だか，馬鹿にされてるくらいでさ．

Dr.K：そうだね，「無」を正面から捉えようとしたのは，仏教を含む古代インドの思想で，だから 0 がインド人によって発見されたということなんだろうね．

　　まあ，当分は，素直に何もないものということで納得しておいてくれよ．マー君は，おじいさんの難しいこの話は気にしないで

正人：はい，聞いて忘れる話だと思います．

Dr.K：ところで，さらに簡単にしようと思えば，$\mathfrak{P}(\emptyset)$ しかないけどさ，さすがに，具体的な応用は考えにくいからね．

　　それに，馬鹿にしてるってことはないんだよ．それに $\mathfrak{P}(F)$ みたいに簡単なものでも，重要な意味も，応用もあるんだ．

小森：フーン？

Dr.K：わあ，疑い深い目だなあ．

　　えーっと，たとえば，袋があるとして，真珠が 1 つあるとするよ

おじいちゃん，ヤケになっちゃったのかなあ．僕にはそれほど愉快なことのようには思えないんだけどなあ．

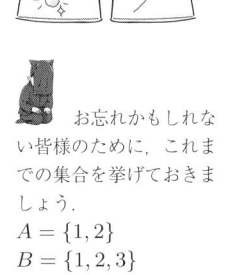

お忘れかもしれない皆様のために，これまでの集合を挙げておきましょう．

$A = \{1, 2\}$
$B = \{1, 2, 3\}$
$C =$
$\{1, 2, 3, 4, 5, 6, 7, 8, 9, 10\}$
$D = \{2, 4, 6, 8\}$
$E = \{3, 6, 9\}$
$F = \{1\}$
$\emptyset$

ね．袋に真珠が入っている状態と，入ってない状態を，今の $\mathfrak{P}(F)$ が表していると考えることができる．

小森：フーン？

Dr.K：それじゃね，C でやろう，C でね．$\mathfrak{P}(C)$ は C の部分集合を要素とする集合だからさ，今まで出てきた具体的な集合は全部 C の部分集合だからね，$\emptyset, A, B, C, D, E, F \in \mathfrak{P}(C)$ となっている．

それからついでに言えばね，$G = \mathfrak{P}(F)$ とおけば，$G \subset \mathfrak{P}(C)$ となる．

これも一般に，$X \subset Y$ なら $\mathfrak{P}(X) \subset \mathfrak{P}(Y)$ となるからなんだが，これは納得しやすいだろう．

正人：ということは，$A \in \mathfrak{P}(B)$ でもあるんですよね．

Dr.K：ああ，そうだよ．一般に，$X \subset Y$ と $X \in \mathfrak{P}(Y)$ とは同値なんだが，それはベキ集合の定義そのものだからね．

正人：そうなんですか？　僕は，

$$A \in \mathfrak{P}(A) \subset \mathfrak{P}(B)$$

となるからだ，と思ったんですけど．

エーッと，ベキ集合の定義は部分集合全体の集合だったのだから，Y の部分集合の X は $\mathfrak{P}(Y)$ の要素であるということ... ああ，そうなんだ，定義からすぐに分かるというよりも，確かに定義そのものなんですね．でも，これが同値だなんて言うと，とても難しいことが言えたような感じがする．面白いなあ．

Dr.K：マー君，君は数学に向いているね．分かるとか分からないとかじゃなくて，こういうことを面白いと思えるんなら，数学向きだと言える．もちろん，そうだからといって数学のテストで高得点が取れるということはあまり関係がないけどね．感性はちょっとしたきっかけで変わることがあるけど，天性のものでもあるからね．

もちろん，数学者の資質といっても，論理的な一歩一歩が好きな，だから論理的な思考が得意な人もいれば，そういうことは苦手だけれど直観力は抜群という人もいるんだけどね．でもまあ，こういうことがまったく嫌いという人は，少なくとも現代数学には向かないだろうね．

数学者になることと数学のテストができることは関係がないというわけでもないのだろうが...

小森：ほう，この子は数学に向いているのか．算数が抜群にできる

というようなことは聞いちゃあおらんがな．

Dr.K：小学校の算数での成績は，いかに速く問題の答えに行き着けるかということで評価されがちだからねえ．数学者の多くはそれほど計算も速くないし，好きでもないもんなんだがね．

　もちろん，数学者の中にはガウスだとかラマヌジャンみたいに，魔法のような速さで計算でき，数に対する感覚にも人間離れしたものを持っていたらしい人もいるんだけど，そんな人は例外だと思っていい．計算が速くないと数学者になれないというのは，大きな誤解だよ．

小森：ほう，それは自己弁護なのかな，それとも自己憐憫（れんびん）と言ったほうがいいかな．昔のことを思い出してみると，はっきりは覚えちゃおらんが，お前は割と計算が速かったような気がするけどなあ．

Dr.K：それは勘違いというか，記憶の美化じゃないかな．僕なんかは，それほど遅くないってくらいのことさ．算盤だって小学生のときに習いはしたが，3級までしかいかなかったしね．計算すること自体は嫌いじゃあなかったけど，意味のない計算だけなんてのは好きにはなれなかったなあ．もちろん，もっと速く計算ができるといいだろうなあと，思うこともよくあるけどね．

　でもまあ，話を戻そう．まず，ちょっとだけ，練習をしてもらおうかな．

　$G = \mathfrak{P}(F) = \{\emptyset, F\}$ とおけば，これも集合だから，そのベキ集合 $\mathfrak{P}(G)$ も考えることができる．それはどんなものになるんだろうね．

正人：僕やってみます．$\mathfrak{P}(G) = \{\emptyset, \{1\}, \{\emptyset, \{1\}\}\}$ でいいんじゃないかな．どうですか？

Dr.K：少し足らないんだけど，分かるかな．

小森：こういうことは意味を考えるより形式的にやったほうが間違わないってことだったなあ．だったら，F を $\{1\}$ としてしまわないで，F という記号だけを見て，$G = \{\emptyset, F\}$ という2つの要素からなる集合と思えってことだな．意味を考えると余分なことが気になって間違うかもしれんということなんじゃないか．

　そうだとすると，$\mathfrak{P}(G) = \{\emptyset, \{\emptyset\}, F, \{\emptyset, F\}\}$ ってことになるか．これでいいんだろうが，そうするとここに出てきた $\{\emptyset\}$ってのは，一体全体，何のことだ？

C.F. ガウス (1777–1855). 歴史上三大数学者の一人．

S.A. ラマヌジャン (1887–1920). インド数学者．古代インドの神が現代に迷いこんだような不思議な能力を持った伝説の数学者．

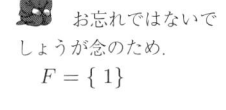

お忘れではないでしょうが念のため．
$F = \{1\}$

Dr.K：意味を考えないって言ったじゃないか．形式的に考えるんなら，意味だってあくまで形式的に考えるんだよ．やっぱり考えにくいかな．

小森：そうかそうか．だとするとだ，空集合だけを要素とする集合ということになるな．そりゃあ何なんだ？

空集合は無を表すものなんだから，無だけを要素とする集合だな．そりゃあ「無」じゃあないわけだよね．一体，何なんだ，それは．ええ，それこそ幽霊の集合じゃあないか．それは集合の幽霊とは違うものなのか？

正人：ねえねえ，中に何も入ってない箱のようなものなんじゃないの？

小森：だが，その箱もないわけだよな．紙の箱でもなく，木の箱でもない．ガラスやプラスティックみたいに透明だって，やっぱり物質ではあるわけで，そうだな，手ざわりも質感もないということだろう？まあ，強いて言うなら，気の箱か！

Dr.K：数学が気の箱に支えられようとは思わなかった．それで納得できるんなら，そうしておいてくれないか．

$\emptyset$ という記号が気に入らないのなら，$\{\emptyset\} = \{\{\ \}\}$ としてもいいんだけど，そのほうが分かりやすいかい？

正人：ねえ，最初の集合にこの空集合をとってもいいんですよね．そうすると，

$$\mathfrak{P}(\emptyset) = \{\emptyset, \{\emptyset\}\}$$

となって，空集合の記号を使わないと，

$$\mathfrak{P}(\{\ \}) = \{\{\ \}, \{\{\ \}\}\ \}$$

となるんですね．確かに見にくいですね．

Dr.K：$\mathfrak{P}(\mathfrak{P}(\emptyset))$ なんか考えることになったら，もう悲惨なことになる．

$$\mathfrak{P}(\emptyset) = \{\emptyset, \{\emptyset\}\}$$

なんだから，

$$\mathfrak{P}(\mathfrak{P}(\emptyset)) = \{\emptyset, \{\emptyset\}, \{\{\emptyset\}\}, \{\emptyset, \{\emptyset\}\}\ \}$$

となる．これを空集合の記号を使わないで書くと...

小森：OK，OK，勘弁してくれ．確かに記号を使わないほうが分かりにくいこともあるようだ．

そういう話はこの辺で済ませて，集合の幽霊の話にできないか？ちょっと疲れてきたよ．

Dr.K：では，お許しを頂いたところで，さてと，集合というものは数学的な対象を要素とするものなわけだ．そして，その集合もまた数学的対象だから，集めればまた集合になる．いいよね．

でまあ，数学的に考えることのできるすべてのことを考えるとなれば，すべての集合を考えることもできる．というか，考え得るすべての数学的対象を考えるというか．

小森：すべての集合を要素とする集合を考えたいということか？

Dr.K：そうだねえ，考えてもいいだろうか？

小森：考えられるんじゃないのか．集合というのは数学的対象なんだろう．というか，数学的に考え得るものしか集合と呼ばないんだよな．

Dr.K：そのとおりだ．

小森：だったら，考えられるんだろうさ．で，それがどうした？

Dr.K：それでね，考えられたら，集合だよね．

小森：そうじゃないのなら，ここまで話を引っ張ってきた意味がないんじゃないのか．先に進んでくれよ．

Dr.K：これで終わりなんだ．

小森：何が終わりなんだよ．腹が空いたので，もう考えるのが嫌だってことか？腹が減ると怒りっぽくなるのはお前だけじゃないんだぞ．

Dr.K：だから，それが集合なら，それはあってはならないものになるんだよ．

小森：どういうことだ．

Dr.K：考えることができるとして，Ω をそのすべての集合が作る集合とする．

いいかい，Ω 自身集合なんだから，$\Omega \in \Omega$ だよね，しかし，具体的に考えてきた集合は，A から F まで，また G もそうだけど，自分自身に属することはない．

$Z = \{X \in \Omega \mid X \notin X\}$ を考えてみると，Ω が集合であり，$X \in X$ ということは判定可能な条件なんだから，Z はちゃんと内包的に定

証明もできるが，今やると混乱するだろうなあ．証明が必要だと彼らが気がつくまで後回しだ．

義されてるわけだ. つまり, Z はまた集合であって, れっきとした Ω の空でない部分集合だし, Ω 自身とも異なっている.

　確かめようか. A から F までの集合が Z に属すのはいいよね. $\emptyset$ だって, 要素を含まない集合なんだから, Z に属すよね. でも, $\Omega \in \Omega$ だから, $\Omega \notin Z$ である.

　ここまでは, いいだろう. ちょっと不思議な世界だけど, 破綻があるわけじゃない.

正人：よくは分からないんだけど, 何だかワクワクしてきちゃう. ねえ, おじいちゃん.

Dr.K：さて, $Z \in \Omega$ というのは, Z を集合として認めたっていうだけのことだ. いいね.

小森：まあね. そろそろ雲行きが怪しくなってきたな.

Dr.K：いい勘してるね.

　さてそこでだ, Z が $Z \in Z$ を満たすかどうかを考える.

小森：考えるのはいいだろうさ, 成り立つかどうかは分からんけどな.

Dr.K：用心深くて, 大いにけっこう.

　$Z \in Z$ が成り立つなら, Z の定義から言って $Z \notin Z$ が成り立たないといけないよね. これは矛盾だ.

小森：えっ, そりゃそうだ. しかし, だったら, $Z \in Z$ が成り立たないっていうだけのことじゃないのか.

Dr.K：それはそのとおり.

　しかしそこで, $Z \in Z$ が成り立たない, つまり $Z \notin Z$ が成り立つと仮定すれば, これも Z の定義によって $Z \in Z$ とならなければならない.

小森：えっ, どうなってるんだって. $Z \in Z$ を仮定しても矛盾, $Z \notin Z$ を仮定しても矛盾ってことになったのか.

Dr.K：どうやらそういうことらしい. これがラッセルのパラドクスなんだ.

小森：困るじゃないか.

Dr.K：確かに困るね.

小森：困っているようには見えないな.

Dr.K：いや, 確かに大いに困ってるよ.

　さて, 何かが悪いわけだ. 何が悪かったんだろう.

小森：終わり，終わり．

1.15　食事の間も

小森：その Z が集合の幽霊だってことなんだろう．さあ，ともかく，集合の幽霊が登場したし，疲れたから，今日は終わりにしよう．

　正人，おばあちゃんのところへ行って，今日の勉強は終わったから，食事にしてくださいと言っておいで．

正人：はあい．

　正人が立って行ったあとは，老人二人はしばらくボーッとしていたが，ふと顔を見合わせて，どちらからともなく微笑んだ．

小森：いやあ，久しぶりに頭を使ったよ．頭が筋肉痛を起こしてるって感じがするよ．なんだか，頭の芯が熱い．このままじゃ，眠れそうもないな．酒にしよう．何でもあるぞ．何にする？

Dr.K：ああ，悪いが，喉が渇いてしまってね．まず水分を補給するようなものがいい．ぜいたくを言うようだが，とりあえずビールというのはやめておこう．疲れてるので，それだけで酔ってしまいそうだ．そうだな，あれば，薄い梅酒にしてもらおうかな．

　そのあとは少しでいいから，美味いものをね．何がいいといっても，僕はそう酒の種類にこだわりはないから，君が選んでくれればいい．まともに飲むと，飲んでる途中で眠ってしまって，家まで帰れそうもないよ．

小森：そりゃあ，疲れたろうな．

Dr.K：うん，疲れたなあ．それはいいが，さっきのパラドクス，もう少し説明しなくていいか．

小森：いい，いい．素面でも分かるかどうか分からんような話なのに，今はヘトヘトでさ，分かるわけがない．今度お前が来るまで，ぼんやり考えてるさ．おっ，帰って来たな．

正人：お母さんも一緒にすぐに伺いますって．今日は僕もここで食べさせてもらえるんだ．

　続いて，小森の細君と正人の母親が入ってくる．挨拶が交わされ，

何がお好きか分からないので今日はスキヤキにしました，という前置きで，テキパキと机の上が片づけられ，支度が始まる．スキヤキの嫌いな日本人はいない．医者には眉を顰められるかもしれないが，Dr.K は日本人に生まれてよかったなあと，口には出さずに思った．

最初は梅酒のソーダ割で，水分補給．自家製らしい．そういえば，庭に大きな梅の木が何本もあった．植物には疎い Dr.K も，自宅の庭に梅の木があるので，花がついてない状態でも梅だと分かるようだ．

酒は日本酒の生酒で，冷たくしてある．「ひやおろし」というタイプだ．あまり酒が強くない Dr.K も，これなら少々はいける．

俊子：マー君，今日はしっかりお勉強ができてよかったわね．こんなに長い時間勉強してたこと，あったかしらね．

それで，分かるようになったの？

正人：1＋1＝2 の話？ ウーン，ぜんぜん．だって，そういう話になんかならなかったもの．違う話ばっかり．1 が 2 になって，5 になって，100 になって，リンゴになって，小豆になって，幽霊になって今日はおしまい．また今度ってことになったんだ．

でもね，とっても面白かったんだよ．ねえ，おじいちゃん，とっても面白かったね．頭の中からモクモクモクって何かが出て来て，宇宙に広がっていくような感じ．分かるかなあ？ そして，そうやって広がっていくだけじゃなくて，何でもかんでも考えてさあ，人間に考えられることなら，ぜーんぶ考えちゃうんだもん，すごいよね．

小森：そうか，正人にはそういうふうに思ったのか．言ってることが的を射てるかどうかは別として，感性はいいってことなんじゃないか．俺なんか，目が回ってただけだ．頭の中も回る，回る．そんなに回るほど，中身が詰まってるわけでもないのになあ，ハハハハハ．

Dr.K：無は人類の叡智の結晶ともいうべきものだ．空集合はそれを手で扱えるようにしたもので，それは数学のお手柄かもしれんな．それがマー君には，頭の中からモクモク湧き出る何かわけの分からないものに感じられたのかもしれないね．それが広がっていき，ついには宇宙をも含んでしまう．どこまでも広がるが，これ以上広がらないという行き止まりがもしもあったならだ，そうだとすると，それは人を狂わすものになる．

人を煙に巻くなら，そんなふうな言い方もできる．ふーう，少し酔ったかな．

小森：そういえば，さっきパンタ・レイのところでは聞き逃したけど，数学では「時間の変化」も扱うだろう？でないと，大砲の玉もロケットも飛べないことになってしまう．集合としては扱わないのか？ 刹那刹那の集合が時間で変化していくということにするのかな．

Dr.K：ウーン，突然踏み込んでくるね．もちろんそういうことも扱うし，応用上はそのほうが重要だけど，そうだなあ，扱い方のレベルが違うというか，考える枠組みを変える必要があるね．でもまあ，今日は負けておいてくれ．

　ぼくは酒が強くないんで，酔ってしまった．うまく説明できそうにないよ．今度にしようや．

小森：そうだな，今度こそ $1+1=2$ を納得させてもらわんといかんしな．

　どうだ，正人，今日の感想は？

正人：はい，先生，今日はどうもありがとうございました．とても楽しかったです．分からないことのほうがずっと多かったけど，勉強していくと，面白いことにぶつかることができるかもしれないな，と思いました．

小森：勉強だって，ただすりゃあいいってもんじゃない．ちゃんと考えながらしないと，五里霧中と言って，わけが分からないままになることもあるんだぞ．何にもぶつかれないで，ぐるぐる回ってるだけじゃあ，しょうがない…

Dr.K：お説教はそれくらいにしておけよ．今日は気持ちよく勉強した．それは，少しくらい知識が増えるより，ずっといいことなんだ．だから，それでいいじゃあないか．いまどき，それがあれば十分だ．それがまた，次に勉強する励みになるし，自信にもなる．

　それじゃ，ぼくの感想も言うかな．教えろと言われて来はしたんだが，正直少し気が重かった．しかしマー君は賢い上にとても素直だったし，君にしても，話にちゃんと反応してくれて，教え甲斐があったというか，教えることが楽しかったというか．むしろ，ともに学ぶ喜びを感じることができた，と言ったほうがいいかな．こう

いうことは久しぶりだ.

こちらこそ, ありがとうと言いたいところだよ.

小森：こっちこそ済まなかったな. 正人のことはまあ, 最初だからな, それでいいことにしようか.

俺の感想も言っておこうか. 昔好きだったロマン・ローランの言葉を思い出したよ.「英雄は自分にできることをした人だが, 凡人はそのできることをしないで, できもしないことを望んでばかりいる」というんだ.

今日やったことはさ, けっきょくのところ, できることをちゃんとしろってことだったような気がするな. ただ, ちゃんと言うのが難しくって, そこはやっぱり「神は細部に宿る」ってことかなあと思ったよ.

ではまた今度, と小森邸をあとにした **Dr.K** だったが, その今度がいつのことなのか, 今度を決めたのかどうなのかも, 記憶にはなかった. 多分, 手帳には書いてあるのだろう.

少し足元がおぼつかない. ともかく気持ちよさそうに歩いている.

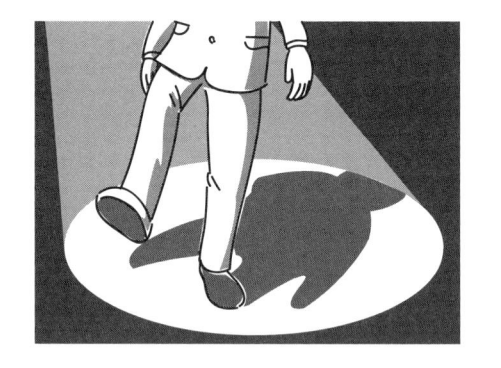

「1＋1＝2 の話をしに行って, ラッセルのパラドクスの話なんかしちゃあいかんよなあ. したならしたで, 話しっぱなしにしちゃあいけなかったなあ. だけど, 二律背反や多値論理や高階述語論理の話をするのは行きすぎだろうし, 仕方ないよなあ.」

ブツブツ独り言を言いながら, 歩いている. 反省をしているのか, 自分にあきれているのか, ときどき独り言が大きな声になったり,

ロマン・ローラン (1866–1944). フランスの作家. 理想主義的ヒューマニズム, 平和主義, 反ファシズムで有名。Dr.K も学生のときに愛読した. といっても『ジャン・クリストフ』,『魅せられたる魂』,『ベートーヴェンの生涯』の 3 冊だけ.

思い出し笑いをしたりしている．酔っ払いには困ったものだ．

　Dr.K の住んでいる **K** 市は，**N** 市から少し離れている．風邪を引かずに帰れればいいのだが．

▍1.16　小森のメモ帳

　その夜，小森は寝る前に書斎に行き，机に向かってパソコンを立ち上げた．いつの頃からか就寝前に日記をつける習慣ができた．

　「あとで孫たちに話ができるように，自分のためのノートでも作っておくか．まったく，大学に入ってからは講義ノートなんか取らなかったから，書き方も忘れたが，まあやってみよう．勉強は高校以来だなあ．あのころはよく復習が肝心だって言われたが，それからは，とんとやらずに来た．俺もあの頃は真面目だったんだ．うんうん．

　さてしかし，算数がこんなに難しいものだなんて思いもしなかった．まだまだ何も分かった気がしないが，算数が小学校で習っただけのものではないようだ．そう言えば，小学校で教わった算数はほとんどが知ってる内容ばっかりだったような気がするな．それでも，鶴亀算とか旅人算みたいなものはどこかで教わって初めて知ったわけだし，知らないこともあるにはあったか．ということはどういうことなんだろう．算数にも二種類の内容があるということかなあ．いつか，機会があったら K に訊いてみよう．

　最近，独り言が多くなったって，家族から言われるようになったが，考え事は口に出すほうが，多少とも客観的になって，俺には具合がいいんだがなあ．」

　小森はメモを書きはじめた．書いては消し，書いては消しして，

けっきょく次のようなものになった.

今日学んだこと:
　リンゴが 5 つあるということと，1, 2, 3, 4, 5 という数の集合とは密接な関係がある．その関係は，数を数えながらリンゴを特定することで得られる.

　数学の言葉での「集合」は，数学的に考えられる対象をまとめたもの．対象をまとめる基準がはっきりしていることが肝心．幽霊や美人は集合にならない．時間とともに変化するものは単純には集合と考えないほうがいい.

　空集合は要素を持たない集合のことで，$\emptyset$ と書く（どうしてこう書くかを訊いておけばよかったなあ）．どうやら「無」を表すらしい．無はインド人の発明だから，もしかすると 0 の発見と関係があるのかもしれない.

　何でもかんでも考えるというような大風呂敷を広げると，見てはならないものが見えてしまう．それは神の戒めかもしれない.

　幽霊の集合はないのに，集合の幽霊はある？　それとも，集合の幽霊があると困るってことだったかなあ.

　それにしても，数学が学ぶことができるものという意味のもので，数学は学ばなければ分かるはずのないものだったというのは衝撃的だったなあ．学んでもいないことを数学のせいにしたら，それこそ K のヤツが怒るのも当り前なわけだ.

　　　「こんなところか．こりゃあ，人に見せられんな.

　　　まとめ方もとても数学的とは言えんし，だがまあ，今日は数学なのか哲学なのか分からんような話だったしな．それはいいことにするか．そのうちきっと，だんだんちゃんとなっていくだろう．たぶんな.

　　　だんだんよく鳴る法華の太鼓か，うんうん，この歳でも成長するという気分は悪いもんじゃないな.」

　　　小森は満足げにうなずいて，その夜は夢も見ずに眠った.

　　　正人はどんな夢を見たのだろうか.

第2話　数の名前

　次の週末，**Dr.K** はまた N 市にいた．どうやらそういう約束をしていたらしく，小森から確認のメールが来たのだ．話が長くなってもいいように朝から来てくれということで，**Dr.K** はふだん大学に出かけるよりも早い時間に家を出ることになった．酔って覚えていないだろうことを見透かされたようで，ちょっと癪に障るが，仕方がない．面倒な気持ちがあるが，楽しみな思いも少しはする．

　地下鉄を降り，階段を上って地上に出た．ここで間違うとあとが厄介だなと思いながら，辺りを見回すと，突然大きな声が聞こえた．「せんせー，こっちこっち」．正人が通りの反対側から，弾んだ声で呼んでいる．迎えに来てくれたものらしい．先週のことは傷にならなかったようだ．この声を聞いて，**Dr.K** はほっとするのを感じていた．

　急いで言いたいことがあるようで，正人は手をつかんできた．引っ張られて歩きながら，この子はこんなに人懐っこい子だったのかと思っていた．案内人がいるのだから当たり前なのだが，迷うこともなく小森邸に着いて，この前と同じ部屋に案内された．正人には見せたいものがあるようだった．席に着くや，小森との挨拶もそこそこに，正人が勢いよく話しはじめた．

2.1　「包含関係は砲丸関係？」と「モノは集合になるか？」と

正人：先生，あの次の日にね，タッチャンが来たんだよ．集合のことを話してあげたんだ．

　僕ね，その日は朝から，1 から 10 までじゃなくて，20 までの数字をノートのあちこちに書いてね，いろんな数字の仲間を考えてね，

それを線で囲むと，いろんな形ができるよね．それが面白くて，一人で遊んでいたんだ．昼からタッチャンがおばさんと一緒に来てね，遊ぼうって言うから，集合遊びする？　って訊いたら，やるって言うの．

　自分でもやるって言うから，僕，タッチャンがやるのを見てたの．でもタッチャン，すぐに数字を書くのがメンドクサイって言うんだ．どうしようかなって思ったんだけど，小学生のとき学校で使った算数セットを思い出したんだよ．数字が書いてある四角や円盤がたくさん入ってるんだよね．あんまり学校じゃあ使わなかったけどさ．

　書くんじゃなくて，それを畳の上に置いていって，おんなじ数字のもあるからさ，いろんな数字の仲間を考えて，いろんな集合を作ったんだ．それでね，部分集合の記号 ⊂ は算数セットにないからさ，紙に大きくこの記号を書いてね，間に置いたんだ．

　そうやって遊んでいたら，おじいちゃんが僕の部屋に入ってきて，⊂ は部分集合の記号じゃないって言うんだ．

　エーッと，何て言われたんだか，忘れた．おじいちゃん，大砲の話，先生にして．

小森：いや，孫たちが算数で遊んでますって，遊びに来た娘が言うんで，覗（のぞ）いただけなんだがな．お前の代わりのようなことをしてみたくなったわけじゃないんだが，まあ何となくな．で，つい，⊂ は部分集合の記号じゃないって，言ってしまったんだ．

　$X \subset Y$ というのは X が Y の部分集合であることを表しているということで，⊂ という記号自体が部分集合を表しているわけじゃないんだ．その記号自身は**包含関係**と言うんだと，まあ，先生を気どったわけだ．

　そしたらもう，子供たちがはしゃぎだして，砲丸関係だったの？　砲丸って大砲の弾のことだね．だからこの記号 ⊂ は大砲の筒のところなんだ．こっちの開いてるほうが大砲の弾が飛び出すところなんだね．それで，中とおんなじものが全部外にあったら部分集合だ，というような，そんな話になってさ．

　X が Y の部分集合のときに，X が Y に含まれるとか，Y が X を含むとか言うから，関係自体としては包含関係と言うんだと，そのあといくら説明しても聞いてくれなくてね．

竜人のほうがもうその気になってしまって，大きく書いたこの記号の中に数の駒を置いて，おハジキを弾くようにして，打って同じものに当てようよと，遊びがエスカレートしてしまい，大砲だあ，当たったあと遊びはじめてさ，正人もまずいなあという顔をしてたが，何ともならんのだ

それで，砲丸関係ってことになってしまった．お前が来たら，訂正してもらえばいいと思ってさ．今日も午後には竜人もやってくることになっているんだが．

いやあ，先生というのもけっこう大変な仕事だ．付け焼き刃にやると，ケガをするというか，ケガをさせてしまうことになるんだと思った．すまん，何とかしてくれ．

Dr.K：何とかしてくれと言われてもなあ．それだけなら，何の問題もないじゃないか．もしかすると，他にもまだ何かあったんじゃないのかい？

正人：そうなんだ．数字だけでやってるのも面白くないってことになってさ，いろんなものを使ってやることになったの．数字っていっても，タッチャンにとってはただの字を書いた駒だからね．何でやってもおんなじことっていう感じになったんだ．

1足す1が2になる話と，5つのリンゴの集合の話もしたんだ．リンゴを持って来てさ．この前の説明はまだそこまで行ってなかったけど，それなりに分かったこともあるし，タッチャンが分かったって言ってくれればいいんだから．

だから，皿に2つリンゴを置いたのと5つ置いたのを並べて，間に⊂を書いた紙を置いてみたんだ．そうすると，タッチャンは喜んでたけど，何か変だって感じがしてきたの．おじいちゃんにそう言ったら，おじいちゃんも何かおかしいなということになって，二人で考えたんだあっ，一応タッチャンもね．

「変だと思う感じを大切にする」．これはいいことだ．

そしたら，おじいちゃんがさ，左にあるリンゴは右にあるリンゴと違うって，文句を言うんだ．そりゃあ，違うよね．おんなじリンゴをこの記号の左にも右にも置くなんて，できっこないんだからさ．

違うんなら，部分集合じゃあないんじゃないかって，おじいちゃん．そりゃあ，意地悪だよね．でも，頑張って，考えたんだ．

違うリンゴだからいけないんでしょ．おんなじリンゴならいいん

だから，写真に撮ることにしたの．最初に2つ皿の上に載せて写真を撮って，それからもう3つのリンゴを乗せて5つにして写真を撮って，プリントアウトして，並べればいいじゃない．

ジャーン，で，こうしたの．見て，見て！すごいでしょ．

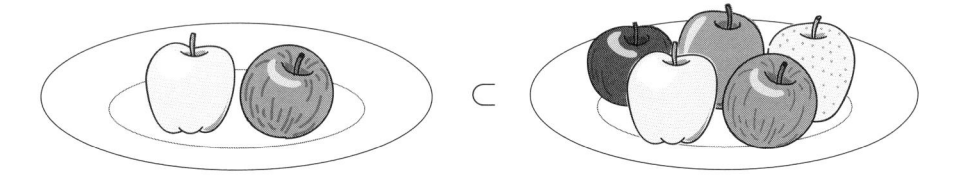

小森：これは，2つの時刻での皿の上のリンゴの集合ということだよな．そして，デジカメで撮ることによって，その2つを永遠化し，同じ時間に共に存在できるようにして，それを比較したということになってる．

そう思うと，これは面白い，実に面白い，と思ったな．

正人：おじいちゃん，難しいことを言って，一人で喜んでるんだ．先生になったみたいで，嬉しかったんだろうなあ．

小森は少し含羞んで，「別にお前になろうとしたわけじゃないんだが，こいつが『おじいちゃんが先生になった』と言ってはしゃぐもんだから，ちょっと困ってな」と言う．Dr.K はそれまで一言も口を挟まないまま，二人の様子を見ていたが...

Dr.K：確かにすごいね，おじいちゃんは．永遠化というような発想は，数学をやってると思いつきにくいかもしれない．なるほどね．

小森：じゃあ，どう言うんだ．

Dr.K：そうだな，やはり，左右にあるのは撮った時刻が違うのだから違うものだろうね．だけど，その内の2つは同じものの時間が隔たっただけのものだから，自然な同一視ができるね．包含関係は，その同一視をしたあとで初めて意味を持つことになる．がまあ，そこら辺のことは言わなくても分かってることにして，つまり暗黙の了解事項の中に入ってるものとして話をするのが普通かなあ．

小森：そりゃそうかもしれんが，それと永遠化とどこが違うんだ．

Dr.K：永遠化という表現がいけないと言うんじゃないんだよ，むし

何より，撮ったものは像であって，元のリンゴではないんだが，そんなことを言うと，収拾がつかなくなりそうだな．やめておくほうがいいだろう．

抽象化というのは，一種この世（実世界）にない所に写像するようなものなんだが，しゃべりながらこんなことを考えていると，こっちまで頭が混乱してくるなあ．

ろ感心してるんだ. ただ, 永遠化という言い方をしてしまうと, 一挙に普遍化しすぎているような感じがするかなあ. 判断停止を少しでも遅らせたいというのは, まあ僕らにとってのガイドラインだね.

だから, 違いは違いとして認識し, その上で考えるべき事柄に応じた同一視を行ったほうが, 気持ちが落ち着くというか...

正人：フーン, やっぱり先生のほうが難しいことを言うんだ.

Dr.K：そんなことはないよ, マー君. むしろおじいさんのほうが難しいことを言ってるんじゃないかな. 数学はね, できるだけ難しいことはせずに, つまり, 自分たちの手で扱える形のままにして, 処理しようとするものなんだよ...言葉が難しくなったね. マー君, おじいさんの前回の質問に, ともかくきちんと答えておくことにしたいんだ. おじいさんにも分からない言葉を使ってしまうかもしれないが, 一度言い切っておこうと思う. 出てくる言葉の説明はしないけど, マー君は雰囲気だけ感じるようにしてくれればいいよ.

さてと小森さあ, いま思い出したんだが, 前回の終わりにさ, 数学は時間の変化をどう扱うのかという話になってたよね. 酔ってて上手く言えそうもなかったんで, また今度ということにしたけど, 君が持ち出した言い方を使って説明ができるんじゃないかな.

人間の認識の仕方ということも考えると, 写真というのは良い捉え方だ. 写真というのは当然, 撮影時刻というものがある. 画面に時刻を映し込むこともできるよね. 最近のデジカメはそれ自体で動画も撮れるようじゃないか.

しかしそれは, 短い間隔で撮影した像を次々と写していくわけだ. 時刻のパラメータが付いた多数の写真によって, 変化が表される. 残像の効果だけど, 連続の感じを出すには十分だ. 思考上は時刻に連続に変化するが, この場合, 実際上は離散的な変化だね. 考える対象や構造によって, 点に担わせる量を変えれば, 多くの現象を表すことができる.

リンゴの写真の場合なら, 点は色を担っていて, つまり各点ごとに色が付随しているものと思ってよく, 色に光の振動数を対応させれば量化され, 各点に数が付随しているスカラー場だと思ってよい.

正人：わあ, すごく難しい. だけど, お祖父ちゃんの言ってることが間違っていないということを, ちゃんと言っただけなんですよねえ.

連続と離散は素人談義で問題なところだ. ここで, 踏み込んじゃいけない. 強引にあっさり済ませて, 先に行こう. 自然数も済んでないのに連続の話なんか本当はできないところなのになあ.

積み上げないと話ができないのが数学者の悪い癖なのかなあ. 寺田寅彦にはなれそうもない.

寺田寅彦 (1878–1935). 物理学者で俳人. 夏目漱石の弟子でもあり, 自然科学の解説というより, 科学と文学を調和させた随筆で有名.

Dr.K：あんまりちゃんとでもないんだけど，まあ，そういうことだね.

　小森にもすぐには分からなさそうな言葉がたくさん出て来ちゃったな. 何度か話を積み上げていけば，こういう言葉の説明も難しいわけじゃないんだけど，説明するには時間と手間がかかる. 話しているうちにそっちもこっちも何の話か分からなくなる. それじゃ仕方ないから，とりあえず，言い切ってみたけど，雰囲気は分かってくれたかな.

　マー君，今日はもうこれ以上，難しい言い方で話さないってことにするよ. まあ，ずっとそうしてるつもりなんだけどね.

正人：今のはとても難しかったです. でも，少しくらいなら，難しい言葉があったほうが面白いんだけどなあ. でも，難しくしないって言ってても，先生の話はすぐに難しくなっちゃうからねえ. やっぱり，お願いしといたほうがいいかな. じゃあ，できるだけ易しく話してください.

小森：ちょっと待ってくれ. お話の部分は聞き流すことにするが，話を蒸し返すようけども，今の包含関係の右と左で同じか違うかってことだが，元は数でやってたじゃないか. 一番簡単なものだと，

$$A = \{1,\ 2\} \subset B = \{1,\ 2,\ 3\}$$

だったと思うんだけど，今の議論のような時刻や永遠化に類することを考えなくてもいいんだろうかな.

正人：わあ，せっかく分かったつもりになってたのに. ここで，右の1と左の1が同じか違うかということを考えるの？ また，おじいちゃんは意地悪なんだから！

Dr.K：鋭いな. なかなかそこまで気がつく人はいないが，で，どう思うんだい.

小森：そうか，何かが同じで，何かが違うってことになるのか. うーん. となると，違うものはその場限りのもので，同じものは普遍的なものってわけだ. うーん.

　部分集合だというこの表示では，左右が同じものでないと意味はない. が，目に見えるものは確かに違うものだよな. つまり，目に見えるものと，それが表すものとの違いということか…そういうこ

とかな.

正人：見えてるものと見えてないものってことなの？ ふーん，先生，そこまでは合ってるんですか.

Dr.K：そうだね，合ってはいるね. もう一歩という感じだけど，その一歩がなかなかね，易しいわけじゃない.

ここであまり引っ張ると，今日のエネルギーを全部使ってしまうことになりかねないからなあ. 結論を言ってしまおう. 見えているのは，数字で，というより数を表す絵のようなものと言ったほうがいいかな. もちろん，普遍的なのはその数字が指し示す数という概念だということだね.

数学者以外にはあまり，数と数字を区別する人は少ないが，その違いは厳然としている. 数字，というか数字を表す絵はあくまで物質にすぎない. 鉛筆で書いたら，それは炭素の粉がある一定の形に集まって，紙の上に付着しているものであり，黒板に書けばチョークの粉からなるものであるわけだ. そして実際に書かれた数字を考えれば，たとえば 1 と書いたとしても，図形として厳密に合同なものを描くことはできない. それらは多少違っていても，同じ一つの数概念を表している. 数字は数そのものではなく，数を指定するための指示記号にすぎないというわけだ.

小森：だから，数字としては，というより物質からなる図形である数字としてはということだが，左右の 1 は異なるものだが，それが指示する数概念としては同じものである，ということになるわけか.

Dr.K：けっこう，けっこう. それでいい，十分すぎるほど立派な理解だよ.

正人：あ，それでいいなら，僕だって分かってたのになあ.

アハハハ...ごめんなさい. 分かってても，言葉にはできなかったと思います. そういうのは，分かってないってことですね. それに分かったって言うと，どんどん難しくなりそうで心配だからなあ. いま言ったこと聞かなかったことにしてくださいね.

でも，いま話してて思ったんだけど，字は字であって，それが表すものとは違うなんて，そんなこと当り前ですよね. たとえば犬という字はそれが表す犬というものとは何の関係もないですよね. それこそ誰かがそうだって決めたから，そういうことになってるだけ

なんですよね.

Dr.K：そのとおりだね．犬という字がワンワン鳴くわけでもなく，ボールを取りに走るわけでもない.

　字とそれが表すものということを一歩進めると，名前それ自体とその名前が表すものの違いということになる．少し考えてみることにしようか.

　字というのは何かを指し示すための象徴であり，一定の形状がある．それには当然，意味というものがあり，それをどう発音するかということも定まっている．日本語でだけ考えるとしても，犬という字は漢字，つまり，古代中国で発明されたものだ．だから，発音も中国の時代や土地によって異なりもする．日本では主に「いぬ」と発音する．それは漢字が表意文字だからで，表音文字の仮名文字で「いぬ」と書けば，同音異義語も存在しうる.

　概念としての犬は，今や世界共通と言ってもいいが，言葉はけっこう違っていて，それはむしろ言葉を使う人々と犬との結びつきのあり方を表している．英語では dog（ドッグ），ドイツ語では Hund（フント），フランス語では chien（シャン）と言うが，大体同じものを意味している．文化による多少の違いはあって，たとえばドイツ語の Hund は英語の hound（ハウンド）と同じ語源で，犬の中でも猟犬というニュアンスが強い.

　こういう蘊蓄を語ったのは，そういう文化的な話に深入りしたいからじゃない．何語で言おうと犬は犬だし，1 は 1 だ．ニュアンスの違いは主に，話者の文化の中で出会う犬の種類が異なることから起こるが，1 には話者の文化の違いは反映しない…そうか，話者の理解の違いは反映するかもしれないなあ.

　普通名詞と抽象名詞の違いと言ってもいいかもしれないが，文法の話に踏み込むと，また別の話になってしまうだろう.

小森：しかしその話，蘊蓄とどういう関係があるんだ？「犬」は普通名詞だが，「1」は抽象名詞だということを言ってるのか.

　俺にはむしろ，「バラの名前がバラでなくても，バラは変わらずに香る」っていうように聞こえたが.

　それはそのとおりだが，よくまあそんな突拍子もない比喩を思いつくなあ.

2.2 バラの名前がバラでなくても

ウィリアム・シェークスピア (1564–1616). エリザベス朝の劇作家で，近代英語の確立者．人類最大の作家というイメージは英語が支配する現代だからか．

O Romeo, Romeo, wherefore art thou Romeo?. . .
'Tis but thy name that is my enemy. What's in a name? That which we call a rose
By any other name would smell as sweet;

吉田山は京都大学本部キャンパスの東に隣接する吉田神社のある丘．K も 4 年までは吉田山東麓に下宿していて，吉田山を乗り越えて通学していた．
「紅萌ゆる」は旧第三高等学校の寮歌として最も有名なもの．これを自分の歌と言えるのが，京都大学の学生であることの最大の特権かもしれない．歌碑は山頂近くにある．

Dr.K：これはまたロマンチックなことだ！

どこかで聞いたことがあるような気もするが，誰だったかなあ？ シェークスピアだったっけ．

小森：有名なバルコニーの場で，ジュリエットがロミオに聞かれてしまう独り言さ．ああ，思い出してきたぞ！

「おおロミオ，ロミオ！ どうしてあなたはロミオなの．私の仇^{かたき}はあなたの名前だけ．名前に何の意味があるというの？ バラはたとえ違う名前で呼ばれようとその芳^{かんば}しい香りに変わりはないものを」

正人：お，おじいちゃん，どうしちゃったの？ そんなに大きな声を出して...

Dr.K：小森，お前，演劇をやってたことがあるのか？ それは知らなかったな．

小森：演劇なんかやってたわけじゃないんだが，学生の頃はさ，気の滅入^{めい}ることもあるだろう．そういうときに吉田山に登ってね，「紅萌ゆる」の碑の所なんかあまり人が来ないだろう．大抵はそこでね，大きな声で気に入った台詞^{せりふ}を叫んだりしてみたのさ．恥ずかしくなるほどクサイ台詞のほうが効果があってね．だからけっこういろんな台詞を覚えているよ．ただ，大きな声を出すことに意味があったんで，台詞の中身なんかどうでもよかったから，調子で変えちゃうこともよくあったから，あとで調べるとずいぶん違ったものを覚えてたりもした．台詞が正しいかどうかは自信がないな．そうだ，気分を変えるために英語でもやったなあ．

Dr.K：僕も下宿への行き帰りに毎日吉田山には登ったもんだが，ときどきどこかで変な声が聞こえたことがあったな．あれはお前だったのか？

そういう話は今は措いておこう．せっかくその話が出たから言えば，今の台詞の中の「名前に何の意味があるというの？」というのは，原語では What's in a name? で，「名前って一体なに？」というように訳されることが多いけれど，英語そのもので考えるなら「名前の中には何があるのか？」ということになる．むしろそのほうが

気分かな.

　ロミオという名前の中に一体どれだけのものがあるのかとジュリエットは言っているわけだ. 手でも足でも腕でも顔でもないし, 人間としてのどんな一部分でもないと言ってるんだね. それに, その台詞の続きは,

It is nor hand nor foot,
Nor arm nor face, nor any other part
Belonging to a man.

　　So Romeo would, were he not Romeo call'd,

　　Retain that dear perfection which he owes

　　Without that title. Romeo, doff thy name,...

　「ですから, あの方がロミオと呼ばれなくとも, 肩書きがなくたって
　　お持ちの, 愛しいあの方らしさは失くなりはしないわ.
　　ロミオ, あなたの名前を捨ててください」

となっていて, 要するに, 名前なんて人の本質には関わりがないと言っているわけだね.

　どうかな, マー君?

正人：そうですね, ロミオって名前は人間としてのロミオの一部分じゃないですしね. でも, どの一部分よりもロミオ本人を表しているような気がします. たとえば, 事故で指を1本なくしたとしても, ロミオに変わりはないけど, 切り離された指はもうロミオとは呼べないですよね. 離れてなくても, たとえば左手の中指にロミオって呼びかけるのは変なことだし.

　と言って, ロミオって名前でなく, たとえば僕と同じ正人って名前だったとしても, ロミオであることには変わりがないだろうし.

　ウーン, 難しいですね. ロミオは手足腕顔などの部分からできてはいるけど, その部分だけではロミオとは呼ばない. それらが集まって初めてロミオになるんですよね.

　ロミオの本質とは何かということですか. 本当に, 名前って一体何なんだろう?

小森：バラだって, そうだな. 花や茎, 葉や根があって1本のバラだが, ああ香りもあったか, まあそういうものの全体としてバラってものがあるわけだ.

　つまり, あれか. 対象をどう捉えるかという思考のレベルがいろいろあって, それを決めないと名前の付けようがないってことにな

るか．しかし，名前なんてどう付けても構わんわけだ．だから，こういう名前を付けたぞって周りに認めさせて，初めてその名前に意味が出てくるわけか．命名式なんて馬鹿げてると思ってたが，意味のないことじゃあないかもしれん．

Dr.K：名前だけで議論しても，これ以上はあまり稔（みの）りがなさそうだ．ここらで，名前と名前が表すものということに戻ろうじゃないか．

小森：えっ，ああそうか，そういう話をしていたんだよな．

Dr.K：忘れないでくれよ，頼むから．数学で大切なことは考え続けることなんだ．

小森：フーン．

Dr.K：それはともかく，そうだね，名前の話をまとめれば，バラの名前がバラであろうとなかろうと，バラはバラだ，本質は変わらないということだと思っていいね．

　名前という言葉と，言葉が表すものの関係について，じゃあ，「バラ」で考えてみようか．

小森：さっきは「犬」だったが，「犬」はやめにするのか．「犬」だと何かまずいことがあるのか．

Dr.K：何もまずいことはないさ．君がバラって言うから，バラで考えてみようってだけさ．

小森：ああ，手品でよくやるあの手だな．客のほうから出たものを使ってみせて，種がないと信じさせようってヤツだ．

Dr.K：どうして，そうだまされまいと身構えるようなことをするんだろうな？　本当に何でもいいんだって．どうせ，今から考えるんだから，事情が同じなら何でもいいのさ．何だいその顔は．信じてないな．

正人：先生，僕，信じてますから，おじいちゃんに構わずに説明してください．それに，僕，犬も好きだけど，バラも嫌いじゃないから．

Dr.K：いいのか，小森，バラで．事情が同じと言ったって，まったく同じなわけはない．バラは吠えないし，犬は香（か）らない．臭いってことはあるけど．

　じゃあ，バラでいいんだね．

小森：まあ，いいけどさ．なんでこんなに面倒くさい話になるんだ．

Dr.K：僕だって面倒くさい話は好きじゃないけど，一度はちゃんと

やっておかないと，何度でも同じことが障碍になるだろうからね.

それじゃあさあ，バラって言葉が表すものが何なのか，少し考えてみてくれないか.

2.3　モノとモノの名前：バラの場合

小森：バラが何かって言われても，バラはバラだと言うしかないが…

正人：おじいちゃん，だいぶ前だけど，おばちゃんのところと，皆でバラの公園に行ったことがあったよね.そのとき，すごくたくさんのバラの花が咲いてたよね.

小森：ああ，そういうことがあったな.隣の県の山間で，バラ・フェスタというのをやっててね，家内が行きたがったんで，ついでだからと，うちの家族と娘の家族と一緒に出かけたんだ.何人になったかなあ.うちと娘のところとで8，9人だったかな.2台の車に空きがなかったから，そんなものだった.

Dr.K：ああ，あそこね.僕も公園ができたときに行ったことがあるよ.僕のほうは二人だったけどね.そうか，それはいいね.ドッグショーに行ったという話よりは分かりやすいかもしれない.

小森：何が分かりやすいのか分からんが，バラの話だよな.犬よりもいいというのはどういうことだ？

概念とものの間にもギャップがあるが，立ち位置によって，字と概念とものと三者の間が開いたり閉じたりするといった話は，うーん，今は言わないほうがいいだろうな.

そうか，犬やバラそのものが問題なんじゃないんだったな.犬やバラという字というか言葉が表すものが何かという話だった.そのときに，字とそれが表す概念がどう違うかを考えてみろってことだったかな.そして，1という数字と1が表す概念の間の関係性との違いについて，何か感じることはないのかというのが，こういう話に入り込んだきっかけだったな.

そうか，そうか.だから，同じような言葉なら，見て分かりやすいヴァラエティが多いもので考えるほうが，違いが分かりやすいだろうってことなんだな.

しかし，同じようなというなら，バラと犬では言葉のレベルが違うような気がするな.「犬」に対応させるなら「花」くらいのほうがいいんじゃないのか.

Dr.K：別に何でもよかったんだから，レベルを合わせるなんてことに意味はないよ．最初のときから話題にしていたリンゴでもよかったんだが，あまりリンゴでばかり話をしていると，「リンゴ」でないといけないような雰囲気になっても困るかなと思ってね．

正人：そうだよね，おじいちゃん．先週，リンゴを使って，いろんな話になったんだよね．リンゴにもいろいろあって，一つひとつのリンゴが持ってる属性って言うんだったっけ，それがいろいろあって...

あれっ，いろいろあるリンゴも同じだと思わないと数えられないということと，一つひとつのリンゴはみな違うものだっていうことと...あーあ，わけがわからなくなっちゃう．今，バラでなくてリンゴでやるということになると，「リンゴって何だ」ってことを話し合うことになるんだよね．

そうだな，僕も「バラって何だ」というほうが面白そうだと思います．バラにしましょう．

それに，今思い出したけど，いつも「俺は色気より食い気だ」なんて言ってるおじいちゃんがさ，バラ公園に行ったときは，けっこうはしゃいでたよね．

これもバラか，こんなバラもあるのかって大きな声で言うもんだから，おばあちゃんに「静かに見られないんですか」って怒られてたよね．おかしかったな，あのときは．

小森：これ正人，そういうことは言わなくていい．お客さんの前で，そういう内輪のことを言うもんじゃないぞ．

Dr.K：ほほう，小森でもやはり奥さんには頭が上がらないか．なかなか心和む風景というか，僕のところもそうだが，そのほうが平和でいいというか...

小森：俺は何も別に...ウゥフン...，空気が乾いているかな．

正人：おじいちゃんが咳をするときは，何かをごまかそうとしてるときだって，おばあちゃんが...

小森：正人，もういいから．

K，「それは何だ」ってことを考えるというなら，こっちもバラの方が都合が良い．犬の本はないが，バラの本ならあった筈だ．

正人，お祖母ちゃんの所へ行って，バラの公園に行ったときに買っ

た，バラの本を借りてお出で．

正人：はあい．

　正人は駆け足で出ていったが，しばらくして，本を何冊も抱えて，小森の細君と一緒に帰ってきた．

小森夫人

正人：重い，重い．

小森：何だ，お前も来たのか．

小森夫人：何だは，ないでしょう．Kさん，済みませんねえ．正人がやってきて，向こうじゃあ，バラとは何かという話になってるんだと言うじゃあありませんか．バラの話なら，あなたよりも私のほうが詳しいですからね．だから，お手伝いに来たんですよ．邪魔にしないでくださいな．

　Kさん，きれいな写真もいっぱいありますから，ご覧になってください．

小森：別にバラの専門的な話をするわけじゃないんだがなあ．追い返すわけにもいかんか．いいか，K？

Dr.K：いいも悪いもないさ．しかし，よくまあこんなにもたくさん，バラの本をお持ちなんですねえ．バラがお好きなんですか？

小森夫人：いえね，バラだけが特に好きなわけじゃないんですよ．でも華やかでしょう．嫌なことがあっても，バラを見ると気が晴れるっていうか，そういうことがあるんで，庭の隅に植えてあるんですよ．

Dr.K：そうですか，家（うち）じゃあ，植えるのもいいけど，刺（とげ）があるから嫌だって言ってますよ．

小森：そうだな，きれいな花には刺があるっていうもんな．バラには刺があるもんだ．

小森夫人：あら，刺のないバラもあるんですよ．

小森：だったら，刺のないバラが普及しそうなもんだ．あれ程たくさんのバラがあるんだ．種の改良も盛んなんだろうし．

小森夫人：さあ，どうなんでしょうね．刺のない種類にはあまり華やかなものがないってこともあるし，高貴なイメージが売りの品種改良ですからね，まったく同じもので刺のないものができてしまって普及するようになると，ありがたみがなくなって困るのかもしれ

ませんしね.

Dr.K：希少性が商品価値を支えるってこともあるでしょうしね．そうですか，刺のないバラもあるんですか．

　よく山でヤブこぎなんかすると，刺がズボンや袖に引っ掛かって困ることがあるけど，ああいう 茨 なんかもバラなんですか？ 刺があるから茨かなって思ってたんですがね．

小森夫人：バラという名前はそのイバラから来たもののようですよ．

　バラって今はほとんど園芸種ですけど，元は北半球の温帯域に広く自生してたものでしてね，元々はチベット周辺の山地らしいんですね．ヨーロッパでは古くから，美しさや芳香を楽しんでいたようです．

　ああ，この本にも書いてありますけど，現在の園芸種は主として11種類の野生種からだんだんに作られていったものですが，中でも日本原産の3種が使われたって聞いたことが...

小森：それはそうと，交配による品種改良がこんなに進んだのは，ナポレオンの皇后のジョセフィーヌのお陰らしいな．居館のマルメゾン城に世界中からバラを取り寄せて植栽し，『バラ図譜』を描かせてバラの知識を公開したということだ．彼女の死後もそのバラ園では，原種の収集や品種改良が行われて，19世紀の半ばには既に3000種以上ものバラがあったらしいな．

　エーッと，1867年にフランス人が作った「ラ・フランス」がモダンローズの第1号で，四季咲きだってことが画期的だったらしい．それ以前の種類をオールドローズと言うんだそうだ．そうか，原種という意味じゃないんだな．オールドローズだけの図鑑もあって，さっきから見てるんだが，けっこうきれいなバラが多いじゃないか．気品があるといって，好む人が多いんだって書いてあるがね，こう見ても，違うといえば違うが，何がどう違うのか分からんね．

小森夫人：あなたには分からないでしょうが...

正人：おばあちゃん，さっきも言ったけどさあ，これ僕の数学の勉強で，たまたま「バラって何だ」という話をしてるだけなの．おばあちゃんとおじいちゃんが仲良く話してるのはいいんだけどさあ，もうやめてくれないかな．どんどんバラがなんだか分からなくなってきちゃった．

ナポレオン・ボナパルト (1769–1821) はフランス革命後に皇帝となる．豊臣秀吉に似た経歴のためか，日本人には人気が高い．

ジョゼフィーヌ・ド・ボアルネ（1763–1814）はフランス皇后で，ナポレオン・ボナパルトの妻．1809 年に離婚後もパリ郊外のマルメゾン城で余生を送るが，死ぬまで「皇后」の称号を保持し続けた．

『バラ図譜』はルドゥーテ (1759–1840) によって，マルメゾン城の 169 種のバラが細密に描かれ，ジョセフィーヌの死後 (1817–21) 出版されたもの．全 3 巻．日本語版も 1988 年に学習研究社から出版されている．原画は 1871 年のルーヴルの図書館の火事で焼失したという．

小森夫人：あら，バラの話で盛り上がろうってことじゃなかったのね．マーちゃん，ごめんなさいね．

正人：僕は正人です．マーちゃんはやめてって，中学生になったときに頼んだでしょ．

小森夫人：あらあら，本当にごめんなさいね．Kさんがマー君っておっしゃってるものだから，つい，忘れちゃって．

Dr.K：そうなの？ マー君と呼んではいけなかったのかな．

正人：いえ，先生はいいんです．正人君と言われると，間違った答えをしちゃいけないような気がして，僕，困るんです...

Dr.K：なるほど，なるほど．じゃ，話を元に戻そうかな．

2.4 バラが何かと，1が何かとの違い

Dr.K：今はバラだが，つまりは何でもいい．あるものの名前が，そのものをどう表すかということだね．

　それが，リンゴや犬やバラのようなものの場合と，数である1の場合とで何か違いがあるかということを考えてみようとしたわけだ．今はそのためにバラを取り上げて，バラとは何かを考えてみたんだったね．

小森：「バラ」と「1」の違いか？ ウーン，そう言われても，何を思えばいいのか，思いつかんなあ．バラのことはいろいろと知ったけど，1が何かは教えてもらってないしな．もちろん，俺の知ってる1でいいんだろうけど...正人，少しは何か感じるか？

正人：そうだねえ，おじいちゃんさあ．違いって言ってもさあ，何となくだけど，向きが違うというような感じがするかなあ．

小森：向き？ 向きって言われてもなあ？ そうか，言葉に対する視線の向きということか．名前の向こうへと向かう向き？ ...ウーン．そう言われれば，そんな感じもしないではないが，ウーン．

小森のやつ，妙な方向に感受性が高いみたいだが...まあこの辺にしておこう．

Dr.K：名詞だけでは考えにくいかもしれないね．じゃあ，たとえば動詞を付けるとか形容詞を付けるとかして，文章で考えてみたらどうかな．「バラは...」という文章があれば，バラに対して何かしら意味のある主張がされているのだろうね．「1は」という文章があったときも1に対して意味のある何事かが語られるわけだね．そ

のときの語られる意味の重さというか，質の違いを問題にしたいんだがね．

　そうだなあ，何でもいいのだけれど，たとえば，「バラは美しく，甘く香る」という文章と，「1は2よりも小さい」という文章を考えるよね．これは，「バラ」と「1」を使った，ある意味，典型的な文章と言ってもいいかな．それが不満なら別のものに言い換えてもいいんだけど．

　「バラ」という名前は個々のバラを抽象したというか，まとめて考えたものというか，そういうものだけれど，やっぱり個々のバラが持っている特性を担うものとして考えているわけだ．

小森：向きだよねえ．抽象の仕方みたいなことなのかなあ．もちろん，字そのものじゃなくて，それが表す概念を考えるんだよなあ．

　たとえば「バラが香る」と言えば，あるバラが香るという状況を表しており，バラというものが香るわけではない．だが，「バラは香る」と言えば，バラというものは香るものだという感じになるな．そのとき，あくまでも香るのは個々のバラだが，その個々のバラの持っている共通の特性を表している．「バラ」が表すものも，いろいろなレベルの抽象性を持ってるってことか．

　形容詞なら，大輪のバラ，小さいミニチュアローズ，赤いバラ，白いバラ...ン？ 1に形容詞は似合わないよな．大きい1とか小さい1というのはそもそも考えにくいし，熱い1や冷たい1，赤い1や青い1...かあ．そういうのは詩だったらな，そりゃあそれでもいいんだろうが，数学じゃあないだろうな．

正人：でも，そういうのって面白いよね．ぼくなら，1は白いって思うけど，黒だとか，青だとか思う人もあるんだろうなあ．透明だとか，色なんかないって言う人もいるだろうな．でも，そうすると白い1と黒い1を足したら灰色の2になるんだろうか．

Dr.K：そうだねえ，そういうこともそれなりに数学的な意味を持たせて考えることはできなくはなさそうだが，今はねえ．そういうことはできるとしてもちょっと高度だし，それにできたとしても面白いものになるかどうか分からないな．人によって違う数学，まあ，手作りの数学もけっきょくは仕上がりが良くないと，受け入れられるのは難しいだろうね．

正人もずいぶんKに慣れてきたなあ．慣れすぎのきらいもあるが，その辺の塩梅は正人には難しかろう．Kも気にしてないようだし，まあいいか．

でも今は $1+1=2$ の意味を考えようとしてるわけでさ，つまり，数概念の基礎的なレベルを問題にしているんだから，誰もが認めてくれる範囲で議論しないといけないわけだ．個人差が反映する数学があったとしても，一応はすべてに通用する基盤を作った上でしないといけないんじゃないだろうか．

正人：済みません...最初の文章に戻ってみましょう，それがいいですよね．

えーっと，「バラは美しく，甘く香る」と「1は2よりも小さい」だったですよね．それが意味するところの違いですよね．

小森：バラは香るというのは，確かに個々のバラが香るということを総体として表したものなんだろうが，香らないバラもあるわけだな．バラとは何かを考えるときに，むしろありとあらゆるバラを集めてくるというようなことをしてたじゃないか．ということはさ，「バラは香る」という文章の例外も集めることになってたわけだよな．じゃ，「バラは香る」という文章は間違っていると言ってよいのか．

正人：それは「バラの定義」によるっていうことなんでしょうか，先生．つまり，人それぞれに持っているバラのイメージが違うわけですよね．それを共通のものにする前に，バラはなんだ，どういうものだという話をしてましたよね．混乱するのは当り前なのに，誰も変なことだとは思わなかった．ウーン，先生はどう思ってたんですか？

Dr.K：この問題はとても重要だから，僕としては誘導したくなかったんだ．きっとそのうち，落ち着く所に落ち着くだろうと信じてたんだ．

小森：なるほど，それで家内が来て，座がかき混ざって，収拾がつかなくなったってことか．

Dr.K：そんなことは言ってないよ．むしろ，気が済むまで話し合ったほうが，あとはかえって楽かなあというくらいは考えていたけど．

マー君が言うように，バラの定義をしないままで議論しているから，矛盾することが出てきても当り前だし，それでもよいという感覚を共有しながら，人は話をしてるんだろうね．ある意味，とても日本的なことだね．

小森：ということは，ヨーロッパはそうじゃないということだな．

Dr.K：ヨーロッパは古くから単一民族ではなかったからね．つまり，文化的背景の異なる人たちが同じ場所で話をしなければならない状況が起きているわけだ．前提を一致させないで話を始めれば，同じ結論が出るわけがない．

　西洋の思想の揺籃の地だった古代ギリシャは民主主義的政体だったが，地中海のあちこちから多くの民族が集まってできたような所があってね．それでも多数決となれば，一定の同意が得られるような環境作りが必要となる．それが弁論術が発達した理由だし，話の前提を決めないといけないという合意だったんだろうね．

　合意の手順を洗練させたものが弁論術であり，論理学だった．それをさらに突き詰めたものが，古代の数学であり，その典型がユークリッドの『幾何学原論』なわけだ．

小森夫人：あの，Kさん，よろしい？

Dr.K：はあ，何でしょうか？

小森夫人：正人君，ごめんなさいね．確かにお勉強だったようね．

正人：だから僕，そう言ってるじゃないか．

小森夫人：私，お昼の支度があるので失礼させていただきますね．Kさん，場違いだったみたいですけど，何だかとても楽しかったわ．また，私も入れてくださいね．

　あの，行く前に1つお聞きしていいかしら．犬だのバラだのといった普通名詞でなくて抽象名詞でも同じですかしら？

Dr.K：どういうもののことですか？　愛とか，真実とか，夢とかといったものですか？

小森夫人：ええまあそうですわね．それでも，愛とは何かと言ったら，唯一絶対の愛の形なんてあるわけありませんし，また，あれも愛，これも愛といって集めてくることになるんでしょうかね．

Dr.K：そうですね．誰も納得できる共通の定義ができるかという所が問題でしょうね．

小森夫人：愛の形は人さまざま．それはそうですわね．

小森：もうそれくらいでいいだろう．これからはちょっと，お前には難しい話になっていくだろうし．

Dr.K：そんなことはないでしょうが，退屈させることになるかもしれませんね．

小森夫人：それじゃあ，またあとで．

2.5 名前の向こう側

小森：さて，うるさいのが出ていったから，伸び伸びとやろう．で，どうなる？

Dr.K：すぐに昼休みになりそうだから，仮のまとめでもしておくかな．またあとで，ゆっくり議論してもいいからさ．

　普通名詞でも抽象名詞でも，言葉は人が人の営みやそれとの関わりに関心を持って初めて作られる．だから，人によって関わりの異なる可能性のあるものは，必然的に概念の純化よりも集積が行われる．何かしら純化しようとすれば，あれもこれもではなく，あれはダメ，これもダメという排除の論理が表面に出ることになる．

小森：話をするということは，基本的には親和の方向だということだから，表立って排除はしにくい，ということか．今こじつけたとは思えない，うまい説明だな．

Dr.K：また，人聞きの悪い言い方をするなあ．マー君が本気にしたら困るだろうに．

正人：僕，多分大丈夫だと思います．冗談と本気の区別は，あまりはっきりとさせないほうがいいということを学びましたから．

小森：な，K．俺が見てても，正人はこの何日かで急に大人になった．というか，自分でものを考えるようになったように見える．$1+1=2$なんてことより，ずっと大切なことを教えてもらったと感謝してるよ．

　それはともかく，1のほうは，つまり数概念としての1は何かということのほうは，その概念が純化して行く方向だということを言いたいわけだな．だから，その本質に関わりのない余分な飾りは排除していくということになるか．

正人：だから，「1は2よりも小さい」ということは，1や2という数が何の反映であっても，常に成り立つということになるんですよね．

　フーン，1より小さい2なんて考えられないものねえ．

Dr.K：それがまた，その際の1や2の定義によると言えなくもない．

小森：言えなくもない，なんて歯に物の挟まったような言い方をして．定義によるのかよらないのか，どっちなんだ．

Dr.K：ウーン，それも定義という言葉の定義によるというか...

小森：そういう言い方ばかりしてるから，数学者は嫌われるんだぞ．

Dr.K：ははっ，やっぱり嫌われてるのか．いや，そうかもしれない．ま，それは冗談として...

　数学者の立場としては少し言い方が変わるんだがね．1 や 2 の定義は数学的にちゃんとする．さっきは「定義」と言ってしまったが，マー君の言い方のほうがより適切だったね．

正人：何のことですか？

Dr.K：定義は数学的にする．問題となることがあるのは，反映のさせ方のほうだと言ってたよね．

正人：ええ，でもそうすると，反映のさせ方では「1 は 2 よりも小さい」ことが成り立たないことがあるってことですか？

Dr.K：確かに成長してるようだね．すごい反応だ．

小森：そんなにすごいか？　この子はもしかして天才か？

Dr.K：待ってくれよ．いまどきの中学生としてはってことだよ．これくらいで天才だのなんだの親が言うから，「十で神童，十五で天才，二十過ぎればただの人」という 諺 が生まれる．もちろん，これから天才と呼ばれるようになることもあり得ないことではないけどね．

正人：大丈夫ですよ，おじいちゃんの冗談だって分かってますから．こんなんで自惚れられるわけないじゃないですか．

　でも，「2 が 1 より小さい」なんてことがありうるんですか．

Dr.K：まあ，多少は，こじつけっぽい話に作らないといけないだろうがね．

正人：そうだ，こんなんでいいかな．思いつきだけど，言ってもいいですか．

Dr.K：そりゃあ，けっこうだ．

正人：学校の校庭で，クラスごとに整列してるとします．前から見るだけじゃ，どの列に何人並んでるか分からないってことにします．だから，たとえば，1 組の人数と，2 組と 3 組を合わせた人数のどちらが多いかってことを考えることにすると...1 組 1 つと，2 組と 3 組の 2 つ分を比べて，2 つ分のほうが 1 つ分より少ないってこともあるじゃない．インフルエンザが流行ってさあ，大勢が休むと，合わせても 1 組よりも少ないってことあるでしょ．

これのどこを冗談と思えばいいのか，分からんな．やっぱり数学者というのは変な人種だ．

小森：そりゃそうだがな，正人．お前が1と2と言ったのはクラスの数だよなあ，でも比べたのは，校庭にいるその人数だ．1と2と言って注目したものとは違ってるじゃないか．

正人：そうかあ．そりゃそうだよね．1のほうが2より大きいなんてこと，あるわけないもんね．

Dr.K：今の例だと，何か最初から違うものだから，比べること自体が変な感じがしてしまうかもしれないが，数学が間違っているという批難をする人は大抵はその種の混同をしてるものなんだ．

今のマー君の例を，もう少し逆説っぽくしてみようか．

何人かの足音が近づいてきて，襖 が開いた．女性が三人，食事の支度に入ってきた．昼は素麺のようだ．小森夫人に正人の母親，もう一人は初対面だが，大学生くらいか．

2.6 美音，登場

小森夫人：途中でしょうが，お昼にしましょう．1時もだいぶ過ぎたわよ．ここで，皆でお素麺をいただくことにしました．よかったですか，Kさん．

Dr.K：みんな熱心なので，お腹が空かないのかと思ってましたが，僕は十分空きました．よろしく．

正人：先生，今言いかけてたことだけでも済ませてもらえませんか．ご飯のあとだと，僕，忘れてしまいそう．

Dr.K：そうですね．支度をしていただいている間に，それだけ済ましておこうか．

そこのキュウリを1本いただけますか？　はい，どうも．

じゃあね，マー君，よく見てて．1本のキュウリだね．これを折って3つにしてと．じゃあ，ぼくはお腹が空いたので，この内の1つを今いただくよ．

不作法にもDr.Kはキュウリを口に放り込んで，あっという間に食べてしまった．女性連はあっけに取られている．

正人も一瞬目を丸くして，びっくりした様子だったが，すぐに祖父と顔を見合わせて笑い出した．

正人：先生，おもしろい！とっても面白い．こんな数学，見たことないや．ハハハハハ．

美音：正人，何を笑ってるの？お父さんも一緒になって！二人は分かってるんでしょうけど，私は何にも分からないわ．お母さん，さっきまでいたんだから，分かるでしょう．

小森夫人：美音，何ですねえ，お行儀の悪い．私だって，Kさんが何をなさったのか，何も分かりませんよ．たぶん，私の知らない面白いことがあったんでしょうね．

小森：まあまあ...俺だってびっくりしたんだ．

　しかし，やるもんだね．どうやら，俺がさっきやったジュリエットの台詞のお返しなんだろう．説明は正人に聞きなさい．

正人：2が1より小さいこともあるってことさ．ハハハ．

小森：フーン，正人，うまいこと言うなあ．そういうパラドクスってことだ．

　だがまあ，食事にしよう．K，この子は美音といって，末の娘だ．親としては，音楽に優れてほしいと思って付けたんだが，親の思うように子は育たんよ．この子は根っから音痴でね．

小森夫人：あなた，そんなことおっしゃらなくても．まだ，この子の名前を付けさせてもらえなかったことを恨みに思ってるんですかねえ．

小森：いやなぁK，この娘の名前は私が付けさせていただきますって，目を三角にして言うから，任せたんだよ．

正人：先生，お姉ちゃんはねえ，先生になるために大学に行ってるんだよ．本当なら，$1+1=2$のことはお姉ちゃんが教えてくれてもいいことだったのにねえ．だから，この前のときは，お姉ちゃん，先生に会わないように家にいなかったんだよ．

美音：正人！そんなこと言わなくたっていいじゃない．それにあんた，私に教えてくれって言わなかったじゃない．

正人：わあ，おっかない．そんなふうに怒ってみせてもダメさ，あの日もあとでどうだった，どうだったって，もうしつこくってさ．今日も多分，ジリジリしてたんだよ．僕なんか，お姉ちゃんがいつ入ってくるのかなあって思ってたもん．さっき，おばあちゃんのところに本を借りに行ったときも，何してるのって，うるさく訊いて

さあ.

小森：K，うるさくって済まんなあ．この子も教えてほしいって言うんだが，いいかなあ．

小森夫人：美音，あなた，ご自分でK先生にお願いしなさい．

美音：はい，お母さん．K先生，私，小学校の先生になりたくて教育学部に通っています．大学に入る前は数学は好きじゃなかったんですけど，少しはやらないといけないし，大学で講義を聞いてみると，面白いかなあと思うようなこともあるんです．でも，高校で数IIIをやってないんで，数学科の人のようには分からないし，私，国語科なんですけど，そっちの単位も取らないといけないし．

　副免で中学の数学の2級が取れるといいなと思ってるんですけど，数学科の講義は難しくて，第一，言葉が分からなくて．どういうふうに勉強したらいいのか教えていただけると嬉しいと思うのですが．

正人：あれっ，お姉ちゃん，国語科だから国語の勉強が大変だ大変だって去年は言ってのに，2年生になって数学の勉強してるの？ 国語もできないのに数学やって分かるのかなあ？ それに免許っていくつも取れるもんなの？

美音：小学校の先生になるだけならねえ，教科の勉強は少しずつでも全教科やったほうがいいわね．本当に全教科の単位を取らなくても免許は取れるけどね．それでもね，どこかの学科に属せば，そこの，だから私の場合は中学の国語の1級の免許を取るようになってるの．

小森：なってるって，どういうことだい？ 行ってれば免許はもらえるのかい？ まさかねえ．

美音：エーッと，卒業できればもらえるって聞いてたけど，どういうことなんですか，K先生？

Dr.K：大学というのはね，卒業に必要な単位数というのが，学部や学科の種類別に決まってるんだよ．細かいことは学生のコースごとに決まってるわけだ．だから，たとえば，美音ちゃんのように，教育学部の国語科だったら，小学校の免許に必要な単位と，中学の国語の免許に必要な単位を一定以上取ることが，卒業に必要な単位として縛られてるんだね．それを卒業要件というんだが．

　教育学部だといっても，卒業要件は，大学によって多少は変わっ

ていてもよくってね，中学の各教科の免許には専修免許，一種免許，
二種免許と3種類あるのさ．専修免許は大学院相当，一種が大学の
専門課程用，二種はそこまで専門的でなくてもいいというか，短大
でも取れるというように，現行の教育職員免許法ではなっているね．

美音：そうそう，一級じゃなくて，一種，二種って言うんだったわ．
それでね，国語なら，中学の国語の一種は取りなさいということに
なってるの．これが主免ね．あと，余裕のある学生は副免の単位を
ある程度取れば他の科目の免許も，一種までは難しいけれど，二種
くらいなら頑張れば取れるわけね．複数種の免許を持ってると，教
員採用のときに有利なのよ．

正人：大丈夫なのかな，お姉ちゃん？ 受験の時は，あんなにフウフ
ウ言っててさあ，数学苦手だったんじゃなかったの？

美音：正人，本当にうるさいわね，あっちへ行きなさいって...フフ
フ，そんなわけにはいきませんよね．正人のために来ていただいて
るんだから．えっ，オホホホ

正人：お姉ちゃん，どうしたの？ お姉ちゃんは僕の本物のおばさん
なんだから，おばさん笑いくらいしたっていいけどさ．

小森の末娘

小森夫人：正人，美音をあんまりからかっちゃいけません．
　Kさん，話をされている間，傍で聞かせてやっていただけません
か？　黙っておらせますから．

美音：お母さん，それじゃあ...

小森：美音，それが礼儀というもんだ．しばらくはそれで辛抱しな
さい．場に馴染んでから，話に加わるほうがお互いにいいと思うよ．

美音：ウーン，それもそうかもしれない．K先生のやり方は，正人
が自分で分かるようになさってるってことのようだし．私がいたら，
邪魔になるわねえ．それじゃあ黙って，脇にいますから，いさせて
いただけませんか？

小森夫人：Kさん，お願いできませんか？

　　Dr.K はさっきから一言も口を利いていない．**K** のほうがあっけ
に取られた形である．

Dr.K：いやあ，スゴイ連携プレイですねえ．これじゃ断りたくて
も，断れませんね．

さて，美音ちゃん，えーっと，そう呼んでもいいのかな．

正人：僕がマー君だから，お姉ちゃんも美音ちゃんでいいさ．ねえ美音ちゃん．

　僕がおばさんのことをお姉ちゃんって呼ばないと怒るけどさ，若く言われるんならいいんだよね．

美音：お母さん，正人は卑怯だわ．今なら私が言い返せないと思って…

小森夫人：美音もなんですねえ．K先生，こんな子たちですが，宜しくお願いします．

Dr.K：はい，それは．で，いいのかな，そう呼んでも．嫌なら，どういうふうにでも決めてもらえれば…

小森：K，それでいいさ．それとも美音，美音さんとでも呼んで欲しいか？

　しかしK，呼び方なんかをずいぶん気にするんだな．

Dr.K：いやなに，初対面の若い女の子には，気を使わないとまずいことが起きることがあるんでね．女子学生もけっこう講義に来はするんだが，学生同士の人間関係なんか，こちらには分からないじゃないか．だから，あまり不用意な言い方をすると，彼らの関係をゆがめたりする可能性があるんだよ．まあ，こっちをものの分からん爺だと思ってくれてるんで，大抵は問題にもならないんだがね．講義というのも，お互いに心を開いてないと，伝わるものも伝わらなくなるんで，まあ，最初のうちだけだが，気をつけるようにはしてるんだ．

　じゃあ，美音ちゃん．これは前回寄せていただいたときに小森にも話したんだが，僕が正人君に話しているときにはあまり口を出さないでほしいんだ．話の流れというものがあるんでね．それでよければいてください．

　もちろん，マー君にではなく，君だけを相手に話すこともあるだろうから，そのときは…

正人：はいはい，聞いていても，聞かない振りをしてればいいんですよね．

Dr.K：ちょっと違うが，まあ，そう思っていてくれたほうがいいかな．

美音：では，よろしくお願いします．

あの正人，今の話だけど，2 が 1 より小さいってことはあり得ないのよ．だってね，2 は 1 より 1 だけ大きい数のことなんだから．それが 2 の定義なんだからね．

小森，正人：エッ！

空気が凍った．二人は Dr.K をまじまじと見る．

Dr.K：あーあ，困ったなあ．

美音：えっ，違うんですか？ だって，そうなんでしょう．先週，習ったばかりなんだから...あら，何か私の勘違いかしら．

Dr.K：いや，違ってはいないよ．そのとおりだよ．でも，ウーン，困ったなあ．

小森：じゃ，1＋1＝2 というのは定義そのものなのかい．K が説明したがらなかったのはそのせいだったのか．だから，そこに近づかないように，ぐるぐる迂回ばかりしてたってことか．ウーン，何と言うことだ！！

正人：僕，なぜ先生がそうしたのか，ちょっと分かるような気がします．1＋1＝2 が定義だって言われても，僕たち，納得しなかったと思う．ねえ，おじいちゃん？

小森：そうだな，たとえ数学ではそれが定義なんだろうと思えたとしてもだ，「1 足す 1 が 2 になる」ことの説明にはなっていないと思っただろうな．

正人：そうだよね．だから，僕たちのほうから，それが定義であることに気がつくようにと，先生はあちらこちら，周りを回って，いろんな面を見せてくれていたんだねえ．

ソクラテスはプラトンの師．悪法といえど法は法と，人間の理性に殉じたという意味では最初の人かも知れない．無知の智．

美音：あのう，ソクラテスの産婆術の実演中だったんですか？ それを私，ネタバラシしちゃったの？ アーア，残念．産婆術の話はよく聞くんだけど実際にどんなふうにやるのか分からないんで，一度見てみたいなあって思ってたのよ．ほんと，何てことをしちゃったんだろう，私．

ゴメンね，正人．確かに，私はお邪魔虫だったようね．

正人：お姉ちゃん，謝る相手が違うよ．先生はね，2 日もかけてさ，そりゃ 2 日目はまだ終わってないけど，そういうことを僕に分から

せようと一生懸命だったんだぞ. 何が起こってるかは分からなかっ
たけど, 先生が一生懸命だってことだけは分かってたんだ. それが
ぜーんぶ, ぶち壊しだよ.

Dr.K：まあまあ, マー君, 待ちなさい. 済んだことは仕方がない
さ. 君もいまさら「知らぬ昔に戻れるわけじゃない」し.

小森夫人：あらKさん, 素敵だこと. こんなときにそんなジョーク
が出るなんて.

Dr.K：奥さんには敵わないな. ちょっと調子に乗りましたかねえ.

　まあ, いつまでやっていても, 時間がかかるばかりだから, そろ
そろ話の向きを変えようかと思っていたところですしね.

小森：許してくれたんなら, 少し気になることがある. $1+1=2$ が
定義だって言っても, それは何の定義なんだ?

　お前最初のときにさ, $1+1=2$ を問題にするには, 前提として,
「1」が何で,「2」が何で,「足す」が何で,「等しい」が何かが分かっ
てないといけないなんて, 言ってたよな. これをまとめて定義だな
んて言われても, ちょっと納得しがたい.

Dr.K：失礼, 思い出してほしいんだがね, 僕は一度も $1+1=2$ が
定義だって言っていないよ.

小森：言っただろう. みんな聞いたよなあ?

　強気に出るときの小森は周りをぐるっと見回す仕種をするのが癖
らしい. 目が合った人はみな頷いているようだったが.

美音：私, 2の定義が, 1より1だけ大きい数のことなんだって言っ
たような気がする. $1+1=2$ が定義だと言ったのは, お父さんよ.
先生は何も言ってないわ, 確かにそうよ.

小森：じゃあ, どうして俺が $1+1=2$ を定義だと言ったときに否
定しなかったんだ, K.

Dr.K：大幅に予定が狂ってしまったが, 仕方がないだろうな.

　自然数を定義する仕方にはいろいろあってね. もちろん, 同等だ
と分かってる定義だがね.

　それにさ, さっき君が未定義だといって挙げてくれたことをどう定
義していくのがよいかを, 君たちの反応で決めようと思ってたんだ.

小森：ああ, すると, その内のどれかの定義になってるってことか.

Dr.K：まあ，そうだね．

小森：歯切れが悪いじゃないか，え，K先生？

Dr.K：まあ，そう言うなよ．ぼくはショックを受けると，なかなか立ち直れない性質なんだ．

美音：やっぱり私のせいなんだわ．どうも済みません．

Dr.K：これくらいのショックでは倒れたりしませんから，いいですよ．済んだことは，仕方がないし，まあ，僕が立ち直ればいいだけのことだし．

気合を入れるか．

さて，未定義のものがいくつかあったわけだが，それを1つずつ順に定義していくんだろうと思ってたんじゃないのか？　それがさ，そうはいかないんだよ．ある程度数学に入ってしまってからなら，そうすることができるし，そうしないといけない．だけど，これほど根本的なことはね，そういうわけにはいかないんだ．まあ，それを充分に分かってもらった所で定義を始めようと思っていたんだが，どうなんだろうね．

正人：僕，何となく感じてた．定義できるのなら，スッとやれるのにやらないというか，やれないというか．そうか，先生は何度も，数学でやるなら一言だって言ってたよねえ．ああ，そうなんだ．

Dr.K：そうだね，こういう根本的な所では，数学と人間の一般的な思考との境目が顕に現れてきて，どこまでも突き詰めていけば，どこかで，信じるか否かということになってしまう．

そうだ，前回，集合の幽霊の話をしたね，あれもその境目に現れた，いわば断層のようなものだね．それがあるということを心の片隅におきながら，素朴集合論に身を任せて多くの数学者は生きているわけだ．

1や2のような数は，数学の最も根底にあると言ってもいい．集合論を了解した上でなら，有限集合の同型類のラベルが自然数だという言い方をすることもできるが，それにはある程度集合論が分かってないといけない．

また一方で，初等教育の数学，殊に算数の入門期では，1, 2, 3, ...と数えることのほうが心になじみやすい．このあと，タッチャンという子が参加することになってるみたいだからね，余計そういうことになるね．

だけど，そういうように順序数的な定義の仕方をしようとすると，それはそれでけっこう大変なんだ．その流儀で定義しようとすれば，一番最初から単独で，1とは何かを定義することはできないんだ．

正人：えっ，じゃあ，ウーン，どうしたらいいんだろう．

Dr.K：まあ，そこまで来ると，実は趣味の問題でね．

小森，正人，美音：趣味ですって！！

Dr.K：見事にハモルね．

小森：K，俺たちはお前の趣味に振り回されてたっていうのか？

小森夫人：あなた，あんまり分かりやすい反応をなさらないほうがいいですよ．知能の程度が知れるじゃありませんか．Kさんはあなた方の反応を見ながらお話をなさってるんですよ．それくらい，傍から見てると，よく分かります．なのにあなたったら，見事なくらい…あら，これは失礼．

　Kさん，お食事も済んだので，私たちはこの辺で失礼します．このお素麺，美味しかったですわ．あら，お礼も言わずに失礼しましたわね．お素麺はKさんのお土産ですよ，あなた．私もさっきこの人から聞かされたところなの．

俊子：ほんと，美味しいお素麺ですね．

Dr.K：あ，僕の住んでる団地の裏山を越したところに，有名な素麺の産地があるんですよ．僕も越していく前は知らなかったんですがね．他の有名な素麺も食べ比べてみたんですが，ここのが一番美味しい．ま，これも一種の身贔屓ですかね．気に入っていただけて，僕も嬉しいな．

俊子：それじゃあ，あとはよろしくお願いします．もう2時になりますね．3時過ぎには理香さんがタッチャンを連れてお出でになるって，先ほど連絡がありました．

　食事の後片づけが済むと，残った四人はなぜか何となく黙り込んで，一度深い呼吸をした．これからは本格的な数学の時間が来るという予感からだろうか．ただし，3時までという時間制限が付いている．急がないといけない．

2.7 自然数の定義

ジュゼッペ・ペアノ (1858-1932). イタリア, トリノ大学教授. 記号論理学の創始者で, 自然数論, 選択公理, ペアノの公理, ペアノ曲線などの業績がある. また, 論理記号 $\cup, \cap, \forall, \exists, \in, \subset$ などの考案者.

Dr.K：さてと, タッチャンという子が来る前に, 一応の決着をつけておかないといけなくなったようだね. 美音ちゃん, 自然数のことは何か習ったかな？

美音：よくは分からないんですが, 何だか難しそうな話をチラッとだけ聞きました. 何でもペアノの公理というのがあって, 自然数のことを知りたい人は調べておきなさい, ということだったと思います.

Dr.K：なるほど, それで君はどうしたの？

美音：あの, 調べたいと思ったんですが, 何で調べたらいいか分からなくて, お父さんに相談したら, ともかく一番権威のある辞書を買えと言ってお金をもらったので, 日本数学会編『数学辞典』を買ったんです.

Dr.K：数学の先生に相談しなかったの？

美音：えっ, どうしてですか？ この辞書じゃいけなかったんですか？ 辞典を買うのに相談するといっても, 私あまり数学の単位を取ってないし, 先生には聞きにくかったんです. それで数学科の友達に訊いたら, これが一番権威のある辞典で, 世界的にも例を見ないほどちゃんとした辞典だって言うので, これにしたんです.

Dr.K：そう, それはそうなんだけどね. で, 分かったの？

美音：全然分かりません. 第一, ペアノの公理というのを索引で調べて, その項目のところを見てみると, ペアノの公理の評価というか価値のような話ばかり書いてあって, ペアノの公理のことは書いてないんですもの. お父さんに訊いてみたら, ここに書いてあるというので, そこを見たら, ペアノ算術って項目になってるんです. 分かるわけないですよね.

Dr.K：まあ, それで分かるようなら, 調べる必要もないことになるかな.

　それで, そこを見たら分かったの？

美音：ぜーんぜん分かりません. だって, 分かるように書いてないんですもん. だけど悔しいから, その項目だけ書き写していつも持ち歩いてるんです.

美音は持参してきたノートを開いてみせた.

ペアノ算術 **PA** は,記号 $+, \cdot, 0, 1, <$ からなる言語 $\mathcal{L}_1$ における 1 階理論(等号を含む 1 階論理を仮定する)であり,次の 8 つの公理および数学的帰納法の公理図式 **Ind** で構成される.

$$\neg(x+1=0),\ x+1=y+1 \to x=y,$$
$$x+0=x,\ x+(y+1)=(x+y)+1,$$
$$x \cdot 0 = 0,\ x \cdot (y+1) = x \cdot y + x,$$
$$\neg(x<0),\ x<y+1 \leftrightarrow x<y \lor x=y,$$
$$\text{Ind}: A(0) \land \forall x(A(x) \to A(x+1)) \to \forall x A(x).$$

不等号 $<$ に関する公理はなくてもよいが,あったほうが論理式の形を議論するのに都合がよい.

美音:それに,別の所にはこんなことも書いてありました.

ペアノは自然数論の公理化の試みの先駆者である.しかし,彼は数学的帰納法を表現するために集合の概念を用いていながら,集合についての公理は用意していないから,暗黙に非形式的な集合論を仮定していることになる.その集合論の内部での推論により,ペアノの公理系のモデルは同型を除いて唯一であることが証明されるが,もし集合論まで含めて形式化したとすると,集合概念の解釈に無限の可能性が生じ,もはやモデルは一意といえなくなる.なお,今日単にペアノ算術といえば,集合概念を用いずに 1 階述語論理で形式化された体系を指すことが多い.

Dr.K:難しいことが書いてあるね.でも,ちゃんとは分からなくても,分かることはいくつもあるね.

まず,この数学辞典にはペアノの公理は書いてないこと,1 階述語論理で形式化された体系としてのペアノ算術は書いてあるってことだ.1 枚目のノートにあるのがペアノ算術ということだね.

それに,ペアノは 19 世紀末から 20 世紀の初めに活躍した人で,おおよそ 100 年前だから,ペアノの公理はそのままでは自然数論の

定番とは言えなくなっているが，素朴集合論が前提になってるので，集合論の問題は抱えることになるが，その部分に反発を感じないというのであれば，あまり難しいことを言わないなら受け入れてもいいだろうということ，まあそれくらいは分かるかな．

このペアノ算術の記述を見て，というか眺めるだけで，説明を聞かなくても分かる，というか感じることは何かないかな．

小森：2 日もかけて K 先生に教えていただいているわけだから，多少のことなら分からないといけないということか．一種の試験だな，これは．

Dr.K：あんまり，そういう考え方はしないでさ，気楽に思いついたことを言ってみてくれないか．これまでやってきたことで，君たちに何が伝えられただろうかという，むしろ僕のほうの試験みたいなもんだよ．

小森：まあ，眺めて感じることといえばさ，どうやら，そんなに難しいことは書いてないようだということかな．しかし，記号が分からんので，さっぱりだな．大体，こんな辞書，プロでなくても読めるものなのかい？

Dr.K：ハハハ，そうなんだよね．まあ，それがこういう専門的な言葉の辞書の持つジレンマでね．分からないことがあるから辞書を引くのに，理解するにはある程度以上の専門知識が必要になる．どれくらいの知識を前提として書いたらいいかというのを編集方針として決めてから，辞書を作りはじめるわけだが，その前提とする知識の違いがいろいろとあるので，数学辞典と一口に言っても，何種類もあることになる．

項目の選択と叙述の細かさや厳密さを追究すれば，本として重くなりすぎて，値段もそうだが，実用的でなくなる．どんな辞書でもそうなんだが，たくさんの内容を少ないスペースにコンパクトに詰め込むことになって，慣れないと読みにくいものになる．仕方がないことではあるんだがね．

だけど，この数学辞典はいかにもという感じで，数学者以外にはあまり評判がいいとは言えない．その反省もあって最新版を出すときに，並行して『岩波　数学入門辞典』というのも作られている．美音ちゃんならそっちのほうがよかったかもしれないね．入門といっ

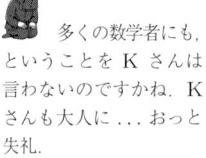
多くの数学者にも，ということを K さんは言わないのですかね．K さんも大人に … おっと失礼．

ても，言葉遣いは少し柔らかくて高校生でも読むことはできなくはないが，数学として理解するためにはやはり慣れてないと難しいだろうけど．まあ，辞書だけで数学を分かろうというのは，元々無理な話だからね．

美音：はい，実はその辞書も買いました．『数学辞典』があまりにも難しかったんで，生協の書籍部を見ていたら，同じ出版社から出てたのがあったんです．『数学辞典』のほうはなかったんですけど．ぱらぱらって見たらだいぶ易しそうな書き方だったんで，それで買いました．こういうものなら，お父さんは絶対に買ってくれるから．

正人：わあ，いいな，お姉ちゃんは．僕のお父さん，なかなか買ってくれないんだよ．お前にはまだ早い，なんて言ってさ．

小森：正人，お前あまり勉強が好きじゃなかったじゃないか．勉強もしないで，美音の持ってるものを何でも欲しがるから，ダメだって言われるんだ．でも，Kのお陰でお前も勉強しようという気持ちになったみたいだからな，勉強で欲しいものがあったら，おじいさんのところに言ってお出で．

正人：わあい，おじいちゃん，約束だよ．僕，勉強するから．ウーン，でも今のところは，数学だけにしとこうかな...　なんだい，お姉ちゃんはおじいちゃんに買ってもらってるじゃないか．

美音：いいですよーだ．そんなに難しい辞典を買ってもらっても，正人に読めるのかしらね．

小森：これこれ二人とも．美音もだ，小さな甥を相手に大人げないぞ．K先生の授業中だっていうのに．

　エーッと，何だったっけ．意味の説明をしてもらう前に，この論理式を見てるだけで分かることがないかってことだったな．そうだ，正人，お前から言ってみなさい．

正人：何が分かるか，何が分かるかあか．数字は 0 と 1 しか出てこないね．足し算は +0 と +1 だけで，掛け算は ×0 だけ，あのー，この・は掛け算を表してるんですよね．

Dr.K：ああそうだよ，× という記号はむしろ，交点を示すために便宜的に使われたものだったようだね．

正人：そうなんですか，小学校ではいつでも × を使ってたから，中学に入ってそれを省略したんだと思っていました．逆なんですか．

確かに読んではみても高校程度の数学の知識がないと「入門」のほうでも理解はできないだろうが，分からないなりに何度も見ていれば，何かしら深いところで理解が進むことはあるだろうな．結構な辛抱が要るようだが．

美音：そうなんだ，フーン．

　正人が言ったことにちょっと付け加えると，1 は +1 の形でしか出てこないことと，0 も +0 と ×0 でしか出てこないことにも気がつくわね．

正人：0 は < 0 や $A(0)$ でも出てくるじゃないか．

Dr.K：それはそうなんだが，美音ちゃんの言ったことは重要な論点だね．

美音：ね，ごらんなさい．正人が言ったのは 0 の位置に関したことで，私は演算のことを言ったのよ．

正人：フーン，じゃ，それはどういう意味なの？

美音：えっ，えっ，それはその，言葉どおりの意味よ．

Dr.K：まあ，そのことはあとにおいて，他に分かることはないかな．

小森：なるほど，他人がやってると分かるもんだな．傍目八目ということだろうが，確かにお前は誘導してるんだってことが分かるな．自分が巻き込まれているときは，五里霧中でさ，何を言われてるのか分からんのだが，一歩離れて見ていると，お前が考えさせようとしていることが少しは分かるような気がしてきたな．

正人：フーン，おじいちゃん，で，何が分かったの？

小森：まあ，はっきりこれだと分かったわけじゃないが，K ははっきりこうと分かったことを言ってくれといってるんじゃないんだ．むしろ何でも思いついたことを言ってみろと言ってるんだ．

正人：先生は最初からそう言ってたよ．おじいちゃんも聞いてたでしょ．

小森：そりゃそうなんだがな．やっぱり自信がないからなんだろうが，ぼんやりしたままで言ってもダメだと言われるだけじゃないかと思うじゃないか．だから，ほめてもらえるという確信がないことは，頭に浮かんでも自分で打ち消してしまうんだな．まあ，そんなことは分かっちゃいたが，お前たちの遣り取りを見て，本当にそうなんだと思えるようになったってことだ．

　K，確かに先生稼業はプロの仕事だなあ．

Dr.K：君にほめてもらうと，こそばゆいような気もするが，素直に認めてもらってありがとうと言っておこう．で，何が分かったんだい．

小森：うん，さっきも言ったことだが，面倒なことがたくさん書いてあるようなんだが，一つひとつ見てると，何だか当り前のことが書いてあるような気がする．そう思うとむしろな，こんなことで自然数のことがすべて分かってしまっていいのかと思えてくる．そういうことなら，それはすごいことだと思うんだ．

それに，2以上の自然数のことは何も書いてないけど，これが自然数の定義になってるというからには，2以上の数についてもすべてこれから分かることなんだな．ということは，たとえば2の定義も，5の定義も，100の定義も済んでることになるんだよな．

正人：そうだね，この前のときから一生懸命やってきたことが，たったこれだけで分かるのかと，驚いてほしかったんだ，先生は．ねえ，せんせい．

Dr.K：いやあ，なかなか進まないなあと思っていると，突然ぐいっと進んで行くねえ．まったく，いい生徒だよ，君たちは．

小森：俺たちは，自分で言うのも何だが，それほど優秀な生徒だとは思えないね．お前の反応から見ても，そうだろうと思うよ．お前としては一生懸命，ほめて育てようとしてるんだろうと思う．ただ，いい生徒と言ってくれることがあるとしたら，お前の言うことを信じて，その上で自分で考えているってことだろうな．そうか，それが学ぶってことか．

Dr.K：まあ，それはいいからさ，君の言ったことを，もう少し先に進めてみることができないかな．

美音：えっ，これが産婆術なの？

Dr.K：いや，ちょっと違うだろうね．時間がないので，産婆術の話はまたあとのことにしよう．それより，ペアノ算術に戻ってもいいかな．

小森：そうだな，いつ竜人がくるか，分からんのだからな．

美音：あの，さっき話に出たもう1つのほうの辞典だと，ペアノの公理という項目があって，そこにはこんなふうに書いてありました．少しまとめ直していますが．

またあ，産婆術って何だか知らないけど，それを言ったのはお姉ちゃんだけで，先生は何にも言ってないのになあ．

現代の用語を用いると，ペアノの公理は次のように述べられる.

集合 N と，その元 1，および写像 $S : N \to N$ が定まっていて，次のことが満たされる.

(1) $1 \notin S(N)$.

(2) 写像 S は単射.

(3) 部分集合 $A \subset N$ が，1 を含み，「$a \in A$ ならば $S(a) \in A$」を満たせば，$A = N$.

この公理における N は自然数全体の集合，S は「次の自然数」を与える関数に対応しており，(3) は数学的帰納法に対応する.

Dr.K：ホウ，手際よくまとまってるじゃないか．自分でまとめ直したんなら，ある程度は分かったんだろうね．

美音：実は数学科の友達に聞いて少し書き直したんです．さっきより素っ気ないですが，難しい感じは減っています．と言って何も分からないのは変わりないんです．こっちのほうが分かりやすいのでしょうか？

Dr.K：そうだねえ，僕らにはこのほうがずっと分かりやすい感じがするんだが，それも慣れだということなのかもしれないね．

美音：あの，この 2 つ，同じことを表しているんですよね？

Dr.K：そうなんだよね．同じはずがないと思うほど，違うものに見えるんだろうな．数学をある程度学んだものにとっては，適当に修正して，適当に留保条件を付ければ，大体同じことを表しているとすぐに分かるんだがね．

小森：その「適当に」ってところが素人には分からんのだ．

Dr.K：まあそうだろうな．でも，「適当に」というのは，言葉にするのが，なかなか難しいことでね．だから，適当という言葉を使うんだが．

慣れない人には，かえって，拒絶してるようにさえ見えるというのが困ったところだね．そのほうがいいと分かるためには，数学をある程度以上ちゃんと理解している必要があってね，これまで小森とマー君相手に話してきたことは，その種の言葉遣いをしないと，物事が混乱する，というか，人によって異なる解釈を許すというか，そういうことが起こるから，ある程度数学的な言葉に慣れてもらお

うと，少しずつ少しずつやっていたということなんだ.

美音：それなのに，私が一気に数学の言葉を使っちゃったんですね.
ごめんね，正人．私，やっぱり邪魔をしてるんだね.

正人：何だか変な感じだなあ．お姉ちゃんが僕に謝ったりすること
なんかないからなあ.

それに，さっきから言ってるんだけどさ，謝るなら先生にしなきゃ.

Dr.K：まあ，済んだことは仕方ないさ.

これまではね，知的レベルや知識の量が違う人に同じ話し方はで
きないから，片方を中心に話すときは，片方には一種の宿題を課し
ておいて，その間に話をして，一時的にでも同じような了解に達し
てもらって，というようにやってたわけだよ.

小森：ジャグリングで二つ球から三つ球にするようなもんだな．そ
のうち，竜人が来て，それが四つ球になるのか．これはK先生，ピ
ンチだな.

Dr.K：まったく他人事のように．そうか，そりゃ，他人事だ．フ
フフ.

小森：ハハハ.

正人：笑ってる場合じゃないんじゃないの？ 本当にもうじきタッ
チャンがやってくるよ．あっ，来た.

パタパタと廊下を走ってくる音が聞こえ，ガラッと襖が開いた.

2.8 恐竜あらわる

竜人：まあクーン，あっ，ビョンねえちゃんもいる．はーい，ビョ
ンビョン.

竜人は美音が差し出した両手に飛びついてハイタッチをした．と，
襖を閉める音が聞こえ，母親らしい女性が，小森夫人のあとから
入ってきた．少し早いが，日本茶とお煎餅のおやつになった.

美音：あら，お姉さん，こんにちは．早かったのねえ.

理香：3時って言って，3時なんだから，早くはないわよ．美音も

とても元気そうね.

美音：私, いつも元気よ. 姉さんこそ, いつもきれいで...

小森：二人ともやめなさい. 理香(りか)も何だ, 来てそうそう.

　理香, こちらがK先生だ. 竜人を教えてもらうために来てもらってるわけじゃないんだから, お前からちゃんとお願いせんといかん.

理香：あら, 済みません. K先生ですか. いつも父がお世話になっています. この度はご無理なお願いをして申し訳ありません. これが息子の竜人です. どうぞよろしくお願いいたします.

Dr.K：これはこれは, 次々と初対面の人からお願いされるというのも...どうも僕は人見知りするほうなので, 失礼なことを言うかもしれませんが, ご勘弁ください.

　しかし, 小森, どういうことになっているのか, 事情がよくわからないんだが, 僕は誰に何を話せばいいんだね. どんな相談にも乗るつもりでは来ているが, 生徒になるのはこのお孫さんなのか, それとも娘さんのほうの親御さんとしての教育相談なのかな.

理香：もちろん, 息子のほうをお願いしたいんですが, もしそうできれば... お父さん, お父さんはK先生のお弟子になっているわけ？

小森：俺か？ ウーン, 俺は, そうだなあ, オブザーバかな.

正人：ということは, 僕がメインだよね. でも, こんなに口数の多いオブザーバなんていないよね. 僕の何倍もしゃべってさあ.

理香：じゃあ, 私もそのオブザーバというのでお願いします.

小森：理香, それは失礼だ.

　K, 済まんな, みんな勝手なことを言って. お前がこんなに辛抱強い性格だったなんて思わなかった. 昔はマッチポンプみたいな所があったが, さすがに年の功だな. 俺なら, とっくに怒りだしているところだ.

Dr.K：そりゃ怒ってもいいが, 誰を相手に怒ったらいいんだろうかな？

小森：あそうか, 悪いのは俺ってことなのか. そりゃそうだな, ワルイワルイ.

　じゃあ, はっきりさせとこう. みんな, 聞いてくれ. 基本はこうだ. Kは俺の客だ. 客が来て寛(くつろ)いでいる所に家族が挨拶に来て, 来たついでに世間話でもするように, 専門家の話を聞いていく. そう

歳が一回りも違うし, 離れて暮らしてもいるからなのか, いつも張り合ってばかりの姉妹だなあ.

いうことだ．皆もそういうつもりでいなさい．

　これだけお前にものを教わるということなら，弟子入りをすべき
なのかもしれんが，今はまだ，踏ん切りがつかん．とりあえず，茶
飲み話ということで許してくれ．

Dr.K：小森，今のところはそれでいいよ．しかし，あまり立場が
曖昧なままで話が進むと，僕のほうでもかえって失礼なことをしか
ねないからな．

　皆さんが僕の学生だというのであれば，まずは静かにするように
言って，それから，「各自の問題点を適切に整理して，きちんとした
形で質問するように」と言うところだし，それぞれの質問に答える
ときは，その場にいても他の人のことは一切考慮しないし，口も挟
ませない．同席するのが教育上まずいようなときには，あらかじめ
退席させることになる．

　ま，今の僕は君のところに遊びに来た客だ．話はする．ただ，話
題は，関心があることや得意なことになるのが自然だから，数学や
数学に関係したことの話になる．そういうことで行くことにしよう．
そういうほうが，やりにくいんだけどね．

正人：どうしてですか？

Dr.K：客ということであれば，ホスト側のすべての人を飽きさせ
ないようにしないといけないわけだし，その内の誰かに分からない
ような話題も避けるべきだということになるだろう．

美音：フーン，じゃあ，やっぱりお邪魔虫だったんだわ．用が済ん
だら退散するから，しばらくここに居させてください．今はどうし
ていただいたらいいのかしら．タッチャンは長い時間は辛抱できな
いでしょうし，まず，タッチャンの分を済ませていただいたらどう
かしら．

理香：済みません．そうしていただけるとありがたいですわ．

Dr.K：それはいいんですがね，さっきからこの子を見てるんですが，
このお子さんが小学校で勉強することについて，何かの学習障碍を
起こすようには見えないんですがね．

理香：ええ，とくに何が分からないということはないようなんです
が…そうだわ，繰り上がりや繰り下がりのある計算があまり得意で
ないようなので，何かコツのようなものがあれば教えてやっていた

だきたいのですが.

正人：おばちゃん，これはね，元々タッチャンが僕に「1足す1はどうして2になるの？」って僕に訊いてさ，僕がどう答えたらいいか分からないんでおじいちゃんに訊いて，それをおじいちゃんが先生に訊いたんだ．先生はおじいちゃんに，教えてもいいけど，それじゃおじいちゃんが僕に分からせることができるほどに理解するのは難しいんじゃないかって，僕に直接教えてもらうように来てもらったんだよ.

それがまた，難しいのなんのって，その話をもう2日もしてもらってるけど，まだ入り口に入ったところなんだ．なのに，おばちゃんったら，繰り上がりや繰り下がりの計算だなんて，そんなこと先生に聞くような話じゃないよ．大学の数学の先生なんだよ．そんなことなら，僕でも教えられるし，美音姉ちゃんだって，先生になるための勉強をしてるんだから教えられるさ．それより，おばちゃんにだってできるだろう．おばちゃん，昔は数学がよくできたって自慢してたじゃないか.

正人ったら，頑張るわね.

Dr.K：マー君，それくらいにしておきなさい．理香さんを責めちゃいけないよ．自分の子供は教えられないものなんだ.

正人：エッ，どうして？

Dr.K：いろいろと理由はある．子供にはどうしても期待してしまうので，厳しすぎるか甘すぎるかのどちらかになりやすい．子供のほうもね，教えてくれる相手というより，甘えることのできる親と思ってしまうから，叱られたときに素直に自分が悪いと考えず，感情が表にでてしまう．どちらの側からも客観的な対応ができないものなんだ.

正人：要するに，タッチャンが甘えて，おばちゃんの言うことを聞かないってことなの？

美音：そうね，正人．あんたがお兄さんに勉強を教えてもらってるときとおんなじよね.

正人：ひどいな，お姉ちゃん，僕はそんなこと...ウーン，そうかもしれない.

Dr.K：マー君はえらいね．なかなかその歳で，自分を客観的に見られるもんじゃないんだが.

正人：そんなふうにほめられると，僕，困っちゃうな．でもタッチャンの話を聞いてってことになると，今までの話と全然違う話になっちゃわないかなあ．

Dr.K：まあ，そんなこともなくて済むかもしれない．まず，この子の症状を確認しないとね．

正人：症状？ お医者さんみたいですね．

Dr.K：しばらく，この子と二人だけで話をさせてください．そのあとで，皆さんにも分かるような話にしますから．

　さてと，タッチャンだね．

　やっと自分の番が来たと，竜人は目を輝かせた．考えてみれば，これまで何も言わずに黙って大人の遣り取りを見ていたというだけでも，かなりの知性の持ち主であることが分かる．

　小森の家族はみな好奇心旺盛な人ばかりだ．教育ママ的なものだけでなく，Dr.K の話に興味を持っているようだ．数学みたいなものに好奇心を持つというのは，普通の家庭ではありそうにもない．Dr.K が来るまではその種の好奇心はあまり発揮されてなかったように思えるから，なおさらのことだ．

2.9　竜人が分からないことは？

竜人：はい，ぼくタッチャンです．ほんとうはタツトと言うんだけどね．

Dr.K：じゃあ，タッチャン．算数を習っていて，何か分からないことがありますか？ それとも何か苦手なことでもあるのかな？

正人：あれっ，先生．タッチャンに $1+1=2$ のことは訊かないの？

Dr.K：マー君，気持ちは分かるけど，今はタッチャンがメイン．今でも1足す1が2になることを疑問に思っているんならそれでもいいし，もう思っていないならそれでもいい．

　ああ，タッチャンは気にしなくてもいいんだよ．でも何か，おじさんに訊いてみたいことがあるから，お母さんについて来たんだよね．それを教えてくれないかな．

竜人：ううん，今日はね，マー君と遊びに来たの．この前一緒にやっ

た遊びが面白かったからさ．それと，この前来たときビョン姉ちゃん，いなかったから，ビョン姉ちゃんに会えるといいなと思ってたんだ．

正人：タッチャン，あのね．前のときの遊びを教えてくれたのはこのおじさんなんだよ．あ，先生，ごめんなさい．

竜人：フーン，そうなんだ．じゃあ，今日もなにか，おもしろい遊びを教えてよ．ね，おじさん．

　アレッ，おじさんっておじいちゃんのお友達なんでしょ．じゃあ，おじいさんって，言ったほうがいいのかなあ？

理香：竜人，失礼なことを言っちゃいけません．どんな難しいことでも教えていただける先生なんですからね．この間から言ってたことをお訊きなさいな．

竜人：フーン，でも，ぼく，何を言ってたんだっけ？

理香：何言ってるの？　あんたはいつも，あれは何，これは何，どうしてそうなるのって，訊いてばかりいるでしょう．大抵のときは答えてあげるようにしてるけど，そうはできないこともあるわね．K先生がまたいらっしゃるというから，算数のことは，そのときにお訊きしようねって言っておいたじゃない．忘れたの？

竜人：それはおぼえてるんだけどさ，算数で，ぼくがなにを言ってたのかをおぼえてないんだ．お母さん，おぼえてる？

理香：エッ，それは，エーッと，あのね，あんたがあんまりいろんなことを言うから，分からなくなっちゃったわ．

竜人：でしょ．だから，ぼくもおぼえてないんだ．こまったね．

理香：困ったのは，お母さんのほうよ．あら，どうしましょ．K先生，申し訳ありません．こんな子なものですから...

Dr.K：理香さん，困られることはありませんよ．これくらいのお子さんは，その種の疑問を長い間持ち続けることはできないものなんです．疑問を感じたとき，すぐ身近の大人に訊けるという子供は，いまどき幸せだと言えるでしょう．それができるということは，それに答えている大人が傍にいるということです．この子は素直に育っているようですよ．

　これくらいの子供さんの場合，質問それ自体が軽いんです．答えが得られたらもちろん嬉しいでしょうが，得られなくても世界が崩

壊するわけでもなし，また別のことに新しい関心を向ける.

　いつまでも同じ疑問を持ち続けるというのはけっこう難しいことでしてね，それも答えが得られそうもない疑問を持ち続けることは，なおのこと難しい．持ち続けると，疑問が重くなって，心の底に沈んでいく．忘れた頃に，別の疑問が沈んでいって，以前の疑問に結びつくことがあると，ブレイクスルーが起きて，解決してしまうことも起こりうるわけです.

　ですから，いったん抱いた疑問は，解決しなくても，というか，すぐに解決しないものほど大切に思うべきで，できるだけ長く，心の中に抱いているといいのです．まあ，それはある程度，考えるということに慣れていないとできないことですが．たくさん疑問を抱き，人に訊き，自分でも考え，忘れ，また疑問に思う．そういうことを積み重ねていくうちに，少しずつできるようになっていくのです.

　多分，あなたは竜人君が訊くことに丁寧に答えておられるんでしょう．でもまあ，時にはすぐに答えられない質問もあるし，答えてよいかどうか迷う質問もあるでしょう．そういうときはどうしていますか?

理香：そのときによりますね．忙しくなければ，辛抱して，答えられる問題に誘導しますが，忙しいときは，...そのう，あまり自慢できるような対応はしていないようですね.

Dr.K：そうですね．子供の気持ちを優先させるといっても，大人の都合ということもありますしね．その折り合いが必要なことを，少しずつ慣らしておいたほうがいいということもありますからね.

　時間があっても，なかなか答えられることに誘導できないようなこともあるでしょう．そういうときはどうしていますか?

理香：どうするって言われましても，でもまあ，いろいろな話をして，そうしてるうちにこの子の気分が変わって，違うことに興味が移ってるというようなことが多いでしょうか.

Dr.K：なるほど，それはそれでいい方法かもしれませんね．少なくとも息子さんの信頼は失われない．それが大切なことですからね.

理香：本当は，どうしたら良かったんでしょうか.

Dr.K：そうですねえ，教師の立場から言えば，問題によって，答え方を変える必要があるということでしょうか．まともに答えると

きでも，相手の知識，理解する能力，世界観，学習意欲などを見定めて適切な答えをしないといけないわけです．

小森：K，途中で済まんが，数学は 1 つだというのが君たちの立場じゃなかったのかい．

Dr.K：もちろんそうだよ．しかしね，どんな数学的対象も多様な側面を持っているものだし，どの面での見方が，相手の状況に沿ったものかを判断する必要のあることが多いんだ．特に初等教育の場合はだがね．

　高等教育になると，ちょっと話は変わってくるが，今はその話をすると混乱するだけだろう．

小森：相手に合わせて，しかも相手のそのときの状況に合わせて，答え方を考えるのか？ 教育ってものは大変なんだなあ．

Dr.K：でも，それは君たちだって普段にしていることじゃないのかい？ 何か失敗した部下に対して，叱るべきかどうか，叱るとしてもどう叱るかということは考えるだろう？

小森：そりゃあそうだ．済んでしまったことは取り返しがつかない．二度とそういうことが起こらないようにすることが肝心だ．だから，厳しく叱るときもあれば，理由も説明して懇々と諭すとき時もあれば，叱らず励ますだけにすることもある...なるほど，同じだなあ．

　まあ，理想論として言えばということだが，なかなかそういうようにはできないもんだ．大抵はカッとなって叱り飛ばしてしまう．あとで反省してフォローすることもあるし，フォローできないままになってしまうこともあるなあ．

Dr.K：それはさておき，何の話をしたらいいかな．君たちとの話も中断した形になってるし．

　ウーン，じゃあね，タッチャン．面白ければ何でもいいかな？

竜人：うん，おもしろければね．

理香：この子はまた，失礼なことを！

Dr.K：いいですよ．とても素直で，邪気がないのがいい．じゃあ皆さん，しばらくタッチャンと二人で話し合いますので，横から口を挟まないでくださいね．

小森：よし，俺が監視してるから，好きなようにやってくれ．だが，口を開いてもよくなったら，言ってくれよ．

Dr.K：そういう君が一番危なそうだが，まあ，そういう気持ちでいてくれるのはけっこうなことだ．

　さて，タッチャン，算数の話をしようね．お母さんがそうしてほしいという顔をしてるだろ？

竜人：うん，ぼくも算数は嫌いじゃないし，いいよ．

　理香は開きかけた口をぐっと閉じた．竜人の算数の勉強より，母親の精神修養のほうに効果があるかもしれない．**Dr.K** は竜人以外は見ないようにしようと，あらためて思った．

2.10　ロクヒャクとロッピャクと

Dr.K：タッチャンは，学校に入る前から数は数えられただろうね．

竜人：もちろんさ．毎日お風呂で，ヒャクまで数えないと出してもらえないんだもん．でもね，ぼく，もっと言えるんだ．

　ヒャクイチ，ヒャクニ，ヒャクサン，ヒャクシ，ヒャクゴ，...どこまでやればいいの？

Dr.K：どこまでできるんだい？

竜人：どこまででもできるよ．一度なんか，ニヒャクまで数えたことがあるんだから．

Dr.K：それはえらかったね．じゃあ，もっと大きな数を知ってるかな？

竜人：うん，センというのも，イチマンというのも知ってるよ．ことしのお年玉はイチマンエンもらったもん．

Dr.K：それはスゴイね．おじさんも，おじいちゃんの孫だったら良かったなあ．

　そのね，センやイチマンというのはどういう数だか分かるかい．

竜人：それはね，大きい数なの．

Dr.K：じゃあ，どれくらい大きいのかな．

竜人：どれくらいってさあ，どう言ったらいいのかなあ．とっても大きいんだよ．

Dr.K：ヒャクまでは簡単に数えられるんだよね．

竜人：それはもう，息つぎしないで 50 まで言えるくらいだからさ．

Dr.K：そうか，それはえらいね．数字も知ってるよね．100 までは書けるんだね．もっと書けるのかな．

竜人：イチマンだって書けるよ．だって一万円札の表に書いてあるもん．10000 って書くんだよ．

Dr.K：そうだね．10000 まで，数えようと思えば数えられるかな？

竜人：そんなこと，やったことないからわかんない．でもさ，やれば，ぼく，きっとできると思う．

でも，ぜんぶ数えるのはたいへんだから，いやだ．でも，ぼく，できるんだ！．

じゃあさ，10000 までなら，何でもいいからさ．お母さん，書いてみて！　どれでも，ぼく，読んでみせるから．

$$\boxed{2456}$$

竜人：そんなの，かんたんだ．「にせん，よんひゃく，ごじゅう，ろく」

理香：タッチャン，すごいわねえ．いつの間にそんなに読めるようになったの．もう一つやってみましょうね．

$$\boxed{9625}$$

竜人：エーッと，キュウセンでしょ，ロクヒャク，ニジュウゴだ．

理香：すごいすごい，タッチャン，ちゃんと言えるわね．でも，ロクヒャクはロッピャクと言ったほうがいいわね．

竜人：どうして？　ヒャクのところがロクなんだから，ロクヒャクでいいじゃない．どうしていけないの．

理香：どうしてっていって，...さあどうしてかしらね．そういうことになってる...んだけど...

小森：ハハア，「そういうことになってる」か．子供の疑問を封殺するのに大人がよく使う言い回しだ．お前もよく使ってるんだろうな．

その上この子が「どうして」を連発すると，お前も，そりゃあ困るだろうな．

理香：お父さん！悪い母親の見本みたいな言い方しないでよ．私だって，分かるときはちゃんと話をしてるんだから．

あ，そうですわ，こういうことがあるので，K 先生のお話を聞かせていただこうと思ったんでしたわ．

正人：おばちゃんったら，急に余所行きの言葉になって，おかしいや.
　でも，先生，教えてあげてください. でないと，おばちゃん，食事の支度に行ってくれないから.

Dr.K：ハハハハ，この家は本当に温かいね.

正人：先生！ 笑ってないで説明してくださいよ. 僕にも分からないし，というか，そんなこと，説明できることなのかなあ.

Dr.K：そうだね. タッチャンに分かってもらえるようにできるかどうかは分からないが，説明はできなくはないよ. 元々，数の読み方というのは数の音声言語による表現ということであって，数そのものの本質ではないわけだ. だから，話し手と聞き手の間で，その数を指定していることが了解されていればそれでよいわけだね.

正人：先生，そんなんじゃあ，タッチャンには分からないよ.

Dr.K：ゴメン，ゴメン. まだ，タッチャンに説明するのは始めてないんだ. 周りのあまり静かでない聴衆に対して，背景説明をしてるところだよ.

正人：先生がタッチャンに説明しているときに，横から文句を言う人がいるとやりにくいからですよねえ. ねえ，おじいちゃん.

小森：何も，俺に向かって言うことはないさ. 先週とは違って、今週は大人しいもんだ.

小森夫人：ホホホ，あなたがそんなふうになるのを見るのは，ほんと，何年振りかしらね.

小森：もういい，もういい. Ｋ，説明を続けてくれよ.

Dr.K：ハハハハ，実にいい. この家は本当に気持ちがいいね.
　さて，説明の続きだね. つまりさ，数字の読み方というのは，数学というより，文化なんだ.

理香：数学的な内容としての数は変わらないけれど，数の読み方は，たとえば日本語で言うか，英語で言うかでも，まったく違うっていうことなんですか？

正人：おばちゃん，すごいね. 今日，最初三人で，あ，途中からはおばあちゃんもいたっけ，話してたときなんだけどね，バラの名前と1の名前の違いって話を何時間もやってたんだよ. おばちゃん，外で聞いてたんじゃないの？

美音：わあ，そんな面白そうな話してたの？　やっぱり，無理矢理

そんなことが説明できるの？ え，話が難しすぎない？

にでも，最初から混ぜてもらえばよかったわあ．

小森夫人：Ｋさん，やっぱり，口を出す人が多いと話が進みませんねえ．皆も静かにして，Ｋさんが竜人に説明なさるのをきくことにしましょう．

Dr.K：じゃあ，そういうことで．

　タッチャン，600 をロッピャクと誰かが言うのを聞いたことがあるかな？

竜人：あるよ．でも，ロクヒャクと言ってもいいでしょう．

Dr.K：そうだねえ．ロクヒャクと言ってもいいんだけど，あまりそんなふうに言う人はいないんだ．タッチャンは聞いたことがあるのかな？

竜人：そりゃあさあ，聞いたことはあんまりないけど，でも，ロクヒャクと言ってもいいでしょう．

Dr.K：ハハァ，頑張るね．いいんだよ，そう言っても．でも，600 を読んでごらんと言われたら，いつもだったらなんて読んでるのかな．

竜人：そりゃあ，ロッピャクだけど．でも，ロクヒャクと言ってもいいでしょう．

Dr.K：いいよ．

竜人：どっちでもいいの？

Dr.K：読み方というのは言葉だからね．分かればいいんだよ．間違いなく伝われば，どう言っても構わないし，同じことをいろいろな言い方をするほうが，イメージが膨らむからね，普通はいろいろな言い方をするほうがいいと言ってもいいんだ．

　だが，この場合，少しだけロッピャクのほうがいいという理由がなくはない．

正人：先生，タッチャンには言葉が難しいよ．

Dr.K：ああ，ゴメンね．話し方が難しくなったら，いつでも言って．言い直すから．難しい言葉になるのは，おじさんの癖みたいなものだから．

竜人：おじさん，そんな悪いくせ，直したほうがいいよ．

理香：タッチャン，そんな失礼なことを...

Dr.K：理香さん，いいんですよ．そのとおりなんだから．ただね，おじさんは，聞く人が間違えにくいように話すのが癖になっちゃっ

登場人物が多くなると話が進まなくて困る．小森夫人を出しておいて助かりました．みんなの頭をリフレッシュする効果があったでしょうか．Ｋさん，落ち着いて，穏やかな口調で願いします．

てるんだ．つまりさ，いろいろな解釈ができないように文章を選んで話すようにね，どうしてもそうなりがちなんだ．

正人：先生，その言い方がもうタッチャンには難しいですよ．

Dr.K：はは，これはしまった．ゴメンね，タッチャン．

竜人：いいのに．

Dr.K：エッ．

竜人：ぼく，おじさんの言うこと分かるから，いいのに．

Dr.K：ああ，それはまた失礼なことをしたね．

竜人：だから，それはいいから，説明してよ．ぼくもロクヒャクよりもロッピャクのほうがいいように思うんだけど，どうしてだかは分かんない．ロクヒャクと言ったのは，わざとじゃないんだけど，…そうなっちゃったんだ．でも言ったあと，ロクヒャクでどうしていけないのかと思って，きいただけだよ．

Dr.K：そうなっちゃった，というのはどうしてそうなったのか覚えてるかな？

竜人：そんなことわすれた．

Dr.K：見ていた感じでは，まずロクと言ってから，そこが百の位だってことに気がついて，すぐにヒャクと言った，と言うようにみえたんだけど，どうかな．

竜人：そうかもしれないけど，おぼえてないや．

正人：先生，そんなこと覚えてないもんじゃないんですか？

Dr.K：ああ，覚えてなくても別に不思議はないけど，覚えていても不思議はないんだ．当り前のことは忘れがちだが，違和感のあるようなことがあるとそれが引っ掛かりになって覚えているということが起こる．

　　まあ，たとえそうであってもなくても，なぜロクヒャクと言うより，ロッピャクと言ったほうがよいのかという理由とは関係がなさそうに思えるよね．

正人：関係があるんですか？

Dr.K：なくもない．君はタッチャンがロクヒャクと言ったとき，何か感じなかったかい？

正人：そりゃ，ちょっと変だなって感じたけど，すぐにおばちゃんがロッピャクと言えって言って，そうだったんだと思ったもので，

勿体をつけているのか，数学屋の…誠実さの現れなのか…ただの口癖なのか…

それ以上は別に...

Dr.K：そうだね，だから，その程度のことなんだよ．しかし，その程度のことだからこそ，ロッピャクと言っておいたほうがいいとも言える．

小森：相変わらず，回りくどいな．子供に説明するのなら，もっとすっきり言ったほうがいいんじゃないか？ 俺にはどっちでもいいような気がするが．

Dr.K：そうだね，じゃあ，いいかな．ロクヒャクというのとロッピャクと言うのとでは何が違うだろう？

小森：別に違いなんかあるのか？

Dr.K：そうだね，大した違いはない．あるとすれば，1つは言いやすさ，1つは聞き取りやすさだろうね．

小森：そんなこと，数学に関係あるのか？

Dr.K：だからさっき言ったように，数学というより，文化の問題なんだがね．

　まず，言いやすさの点から言えば，「く」と「ひ」は続けて発音しにくいということがあってね，音の組合せで，言いにくいものと言いやすいものがある．これは分かるね．

正人：くひ，くび，くぴ．ろくひ，ろくび，ろっぴ．ああ，三面六臂_{（ろっぴ）}という言葉を聞いたことがある．

阿修羅　大きな括りとしては仏教の守護神で八部衆の一．起源は仏教よりも古く，さまざまな立ち位置にある．

小森夫人：阿修羅_{（あしゅら）} のような仏像は，そうなってるわね．お顔が三面，腕が六本という意味...あら，六本も「ろっぽん」と言って「ろくほん」とは言いませんねえ．これも言いやすさなんでしょうかねえ．

Dr.K：「六本」という字は，腕を数えるときの助数詞，数える単位が「本」で，数えた結果の数を表す数詞が「六」というわけだね．

　それはともかく，言いやすいということは，多くの人がそう言うということでもあって，多くの人がそういうのであれば，その言い方をされたほうが聞くほうも分かりやすいということがあるね．

竜人：それはそうだけど...

Dr.K：まだ不満なようだね．少し，数学よりの説明もあるよ．もちろん，言いやすさ，聞きやすさに関係してるんだけどね．聞きたいかい？

竜人：うん．

正人：はい．

Dr.K：「ロクヒャク」と言うときには，ほんの少しだが，「ロク」と「ヒャク」の間に間というものがあるね．だけど，「ロッピャク」と言ったら，間には何も入らないね．

正人：タッチャンには間というのは分からないと思うよ．

竜人：マー君，だまってて！ぼく，わかるよ．そりゃ，聞く前は知らない言葉だったけど，意味は分かるから，それでいいでしょ．せんせい，それで？

Dr.K：そうするとね，聞く人がだよ，「ロク」を聞いたあと「ヒャク」が聞こえる前に，いろんなことを考えるかもしれない．

竜人：どんなこと？

Dr.K：600 だったら「ロッピャク」と言うことが普通だから，「ロク」と聞いたら，「ロッピャク」のことではないと思うかもしれないね．

竜人：うん．

Dr.K：「キュウセン」を聞いたあとだから，「ロクマン」や「ロクセン」でないことは分かる．しかし，「ロクジュウ」かもしれないし，ただの「ロク」かもしれない．言葉の調子からあとに続くことが分かったら，何か数の単位，たとえば，「枚」とか「円」とか「人」とかさ．だから，そのあとで「ヒャク」と聞こえると，ちょっとガクってくるかもしれない．600 だということはすぐに分かるだろうけど，ほんの一瞬，600 であることを理解しようとするほうに気持ちが動くよね．そうすると，もしそのあとに非常に重要で分かりにくい言葉が続いたら，それを聞き逃すということが起こるかもしれない．

竜人：うん，わかった．自分が言えるということだけで喜んでいないで，聞いてる人が聞きやすいように話しなさいってことなんだね．だったら，さっきみたいになったら，どうしたらいいの？

この子，こんなにしっかりしたことが言えるのね．知らなかったわ…．嬉しい．

Dr.K：そうだね，ちょっと間を置いて聞いてる人に時間をあげるか，「ロクヒャク」と言ってしまったあとに，「ロッピャク」と言い直したほうが親切かもしれないね．

どちらにしても，正しいとか正しくないということではなくて，分かりやすい話し方をするかどうかという問題なんだね．

ところで，どうして 600 を「ロッピャク」というのか分かるかな．

竜人：「ロクヒャク」じゃなくって，ということ？

Dr.K：はは，ゴメンゴメン．もうその問題は終わったものだと思ってたんで，そういうことじゃなくてさ...どう言えばいいかな？

小森夫人：頭のいい人の悪い癖ね．でも，そうできないと，たくさんのことが考えられないんでしょうね．

小森：お前，何を分かったふうなことを言ってるんだ．何が言いたいのか，分かって言っているのか？

小森夫人：もちろんですよ．Kさんの頭の切り換えが速いってことですよ．それに他の人がついてきてないってことが分からないくらいにね．

　ついていけない一番大きな理由は，速さよりもむしろ，いったん切り換えたら，それ以前のことを忘れてしまっているということかしらね．

小森：なるほどな．いつまでも前のことを引きずっていては遠くへ行けないってことか．だから，切り換えも速ければ，切り換えたあと忘れることもきっぱりしてるということか．さすがにプロってものは違うもんだな．

Dr.K：エッ，何をそう，二人で盛り上がってるんだい．数学はある意味で仮想的な世界を歩くという作業だからね．現実からの雑音をシャットアウトする必要があって，まあ，そういうことに慣れてはいるけどねえ．

　僕なんか，けっこう詰まらんことにいつまでもクヨクヨと悩むことも多いんだがなあ．

美音：だから，対象によって態度が変えられるってことなんでしょうね．

　そういえば，数学の講義を聞いてるとき，ときどき感じることがあるの．突然先生が別の世界に入り込んでしまうっていうか，先生の見ている世界がガラッと変わってるんだなあと思うようなことがね．

Dr.K：それはそれは．美音ちゃん，いい感性してるね．なかなかそんなふうに感じてくれる学生はいないんだが．

美音：先生がそう思われないだけで，学生のほうはけっこう感じてるんじゃないんですか．でも...ただですね，世界が変わったということは感じられても，その変わった世界についていくことが難しい

ということじゃないでしょうか.

小森：つまり，置いてけぼりになってるってことか．置いてけぼりにしてるってことを意識していないからなのか，それでもついてくる学生だけを相手にしてるってことなのか...ウーン，どっちなんだ？

美音：それは，学生によって変えておられるんじゃないかと...

ところで，その600の話ですけど，それは日本語の数の数え方の話なんでしょうか？

竜人：「ロッピャク」というのは，「ヒャク」が「ロッコ」あるってことだよ．

美音：エエーッ！

Dr.K：そうだね．えらいねタッチャンは，今まで考えてたのかい．

竜人：うん．「ロクジュウ」は「ジュウ」が「ロッコ」あるってことだしね．

Dr.K：だから，字で書くときは「六百」や「六十」と書くんだ．こういう字も知ってるかな．

正人：こんなときに，わざわざ漢数字を教えたら混乱しないのかな．

Dr.K：何をいつ学ばなければならないということはないんだよ．必要なことを必要なときに学ぶということが大切なんだ.

ただね，全体の構造が分かってないときに，何を先に学ぶべきかということは本人には分からないだろう．だから，教科書なんて，ガイドラインというか，目安みたいなものだって思ったほうがいい.

今の場合，600と書くのと，六百と書くこととの違いは分かっていたほうがいいかなと思ってね．

正人：つまり，数としての600と，数字を使って表されたものとの違いということですか．それをいろいろな表し方があることで分からせようとしてるんですか？

Dr.K：さすがに君は，2日間フルに参加してるだけのことはあるね

正人：へへへ..そうすると，600は百が六つあるということだから，百百百百百百と書いてもいいし，60は十十十十十十と書いてもいいということになりますよね．

Dr.K：そうだね，でも，それをしてもいいとするのかしないのか，というのは数学の問題というより，むしろ文化の問題だね．

美音：600という数は，というか数自体は数学の対象だけれど，そ

Dr.Kが話し相手にのめりこんで，竜人の方を見てないうちに，竜人はゆっくりと動作が緩慢になっていく.

れをどう書くのかというのは，どう書いたら多くの人に分かりやす
いか，また便利に使えるのかということを，その社会や時代の中で
どう決めていくかということですか.

Dr.K：それに歴史というのも大きな要素だね.

さて，さっきのマー君の話をちょっと膨らませてみよう. 十とか
百とかいうのは，数を大きくしていく中で，それまでに使った字だ
けでは表しにくくなったときに，別の数を表すものとして設定され
たものだね.

2.11　1 を表す字

Dr.K：では，一番最初の一^{いち}はどうして，こう書くんだろう.

一は，ともかく，何かがあるという状況を表したかったんだろう
ね. そういうときには，縦に「|」と書くか，横に「一」と書くか，
チェックという気分で $\sqrt{}$ と書くか，点を打って表すか，書くとした
らそれくらいが自然に考えつくことだね.

古代エジプトの数字やローマ数字，それにインド・アラビヤ数字
は縦，漢数字は横，$\sqrt{}$ 系なのは古代メソポタミアの楔形^{くさびがた}文字 だし，
点を打って表すのがマヤ文字だ.

2.12　メソポタミアの数字

Dr.K：メソポタミアのものは粘土板に葦^{あし}で作った尖筆^{せんぴつ}で描いたも
ので，3000 年にわたって使われたものなので，必ずしも形は一定し
てないけれど，一つひとつが楔^{くさび}のような形をしているから，楔形文
字と呼ばれているんだ. 日干^{ひぼ}しレンガで家を建てるような土地なの
で，通常の目的のためにはそれでよかったんだろうけど，ある程度恒
久的なものにしたいときには焼いて陶器のようにしたらしい. もっ
とも楔形になったのはある程度整備されてきてからで，それまでは
絵文字のようなものだったらしい. ここでは数は 60 進法なので，と
りあえず 1 から 59 までの数の楔形数字をあげると，こんなふうに
なっている.

第 2 話　数は何の名前？

10-60 進数

1	𒁹	11		21		31		41		51	
2		12		22		32		42		52	
3		13		23		33		43		53	
4		14		24		34		44		54	
5		15		25		35		45		55	
6		16		26		36		46		56	
7		17		27		37		47		57	
8		18		28		38		48		58	
9		19		29		39		49		59	
10		20		30		40		50			

みんな，こんなこと，おもしろいのかな．ぼくがいるのをわすれてるみたいだ．ぼくもおもしろいからいいけどさ．は～あ．

出典：イアン・スチュアート著，沼田 寛 訳，『無限をつかむ』，p.8，近代科学社 (2013)

　コンピュータのフォントでも，今はいろんな文字が扱えるようになっているが，UNICODE5.0 というコードでは 883 文字の楔形文字と 103 文字の楔形数字が指定されているので，コンピュータ上で 1 文字 1 文字表すこともできるようになっている．

2.13　マヤは 5-20 進数

Dr.K：また，マヤの数字は，20 進法なので，基礎的なところは，

出典：イアン・スチュアート著，沼田 寛 訳，『無限をつかむ』，p.55，近代科学社 (2013)

というようになっている．さらに上下に数を並べる 20 進の記数法
を使っていたとされている．数字を見ると，20 進の内部に 5 進法が
含まれているのも分かる．手足の指の数なんだろうかねえ．点が 1
で，指の数，横棒が 5 で，掌の数といった感じかな．

また，貝の形のものがあるけど，これが 0 を表していて，これが
最初の 0 の発見だという説もある．20, 40, 60, ... の表し方で，20
進の 1 の位が 0 であるか数字がないことを示しているように使って
るみたいだけど，はっきりしたことは分からない．

字で書く以外だと，インカ文明に，紐に結び目を作って表すのが
あったかなあ．この場合，数以外の情報も含まれているだろうと思
われているんだが，詳しいことは分かっていない．あ，僕が知らな
いっていうだけで，今はだいぶ分かってきてるかもしれないね．

キープと呼ばれていて，実物はこんな感じだ．インカ帝国にはキー
プの作り方や使い方を教える学校のようなものがあったということ

は分かっているんだけどね.

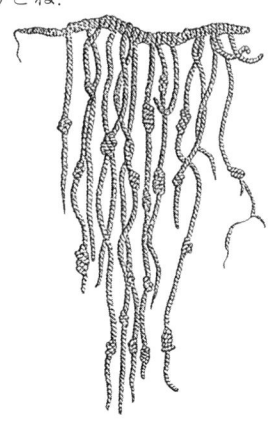

竜人：はあ～あ，ウ～～ン.

理香：どうしたの，タッチャン. もう眠いの？ 皆さん，済みません. この子眠いようなので，あちらで寝かしてきます.

小森夫人：そうね，何だか面白そうになってるけど，俊子さん，私たちも向こうへ行って支度をしないといけないわね. じゃあKさん，失礼します. いつでも食事ができるようにしておきますから，切りのよいところで，正人を知らせによこしてください. 頑張りすぎないで，適当に切りをつけてくださいね.

　3人の女性と1匹の恐竜が去ったあと，部屋は不思議なほど静かになって，残された4人はしばらくその静けさを楽しむように，黙っていた.

▌2.14　数の書き方のいろいろ

小森：竜人があんまり論理的にもしっかりしたことを言うんでびっくりしてしまったよ. アレは天才なんだろうか？

Dr.K：またそういうことを言うのか. 親馬鹿ならぬ，祖父馬鹿だって言われるぞ.

　そりゃ，天才になるかもしれない. が，今の時点でそういうふうには考えないほうがいい. 素直に育っているし，自然に育てばそれが一番いいんだ. 自然に育って，それで天才になって行くなら，それを見守ればいいんだ. 天才なんて作れるもんじゃないよ. 過大な

期待は，かえって子供の成長を阻害するもんだ．

　さっきの彼の発言が，君には特異なほど論理的に聞こえたんだろうが，あれくらいの歳の子供でも，ときどきあれくらいのことを言うことは珍しいことではないんだ．もちろん，ああいうことをまったく言うことがない子供よりは，論理的思考の必要な職業に進む可能性は大きいだろうけど．

　たとえば，こう言ったら分かるかなあ．君は碁を打つかい？

小森：ああ，一時は凝ったりもしたが，最近はそれほどでもない．下手の横好きと言ったところだな．

Dr.K：テレビの囲碁番組なんか見るかい？

小森：ときどきは，今でも見るよ．何が言いたいんだ？

Dr.K：難しそうな場面のときなんだろうが，見ているこっちがすぐに思いつくような手を，プロでも気がつかない手だと言って解説をしていると思ったことがあるだろう．

小森：そうだなあ，プロでないと思いつかないだろうと感心することも多いけど，そういうこともときどきはある... ああ，そういうことか．

　未熟者でもたまに当てることはある．プロでもなかなか思いつかないことを，先に思いつくことだってあって，ちょっと得意になることもあるわなあ．そうだな，だからって，俺がプロと打ったら，井目置いても，下手をすれば風鈴や鉄柱までつけても，コテンパンにやられてしまうだろうな．一定のレベルを保ち続けることの難しさということなのかな．それだけのことのような気もするが，それはとても難しいことのようにも思える．

　それはそうだが，だからと言って，これから俺がプロのように強くなることが絶対にないかといえば，まあ，ありそうにはないことだが，絶対とは言えなかろう．アア...，そういうことか．

正人：だから，僕らのことは長い目でじっくりと育てるつもりが大切なんだって，先生は...

小森：正人，調子に乗るんじゃない！

Dr.K：竜人君がいわゆる天才になるほうが，君が碁のプロになれる可能性よりはだいぶ高そうだ．過度な期待はせず，育っていくのを温かく見守る．まあ，言うは易く，じゃあるけどね．

プロはその一手だけでなく，その手の先のことまで考えて，善悪の判断をします．一瞬の判断で捨てた手は，考えたことも忘れることになりがちです．その判断が間違うことだってあるわけでして，手を思いつくとかつかないとかいう問題とは違うことなのですが，まあ，素人談義ということでお許しいただくことにしましょう．

「酒は別腸，碁は別知」というのとは，これは違うことなんだろうなあ．

2.15 漢数字は古代中国で

美音：いいですか？ 漢数字の話なんですが．

Dr.K：ああ，はい．そうだね，数字の話をしてたんだよね．それで？

美音：漢数字では1は一と書きますよね．漢数字の二や三も，楔形文字やマヤの数字のように，一に当たるものを並べて書いたということなんでしょうね．

　でもそうだとすると，4も四じゃなくて，横棒を4つ並べてもよかったんじゃないですか．

小森：そう書いたものもあるんじゃなかったかな．でも，4本も横棒を引いたら，手書きだったら，書き間違いや見間違いも起こりそうだな．

Dr.K：そうだね，漢字は元々象形文字で，殷代の亀甲占いで，焼いた亀の甲羅のひび割れの形が基になってるという話だ．そういうことを思えば，4本の横線なのか，別の文字の構成要素なのか分からんというようなこともあったかもしれないね．

　また多分，文字を何で書くかということにも依ってるだろうね．算木で表すなら，4つや5つでもそう見間違わないだろうが．

正人：何ですか，その算木というのは．算数で使う木の道具ということですか？

2.16 算木は計算の道具

Dr.K：今では易という占いの道具としてしか考えられてないが，算木は元々計算のための補助具だ．計算を使う占いだってことかな．江戸時代になると，実用計算は算盤，理論計算は算木という感じで，広く使われていたようだね．

　細長い正方形柱の形をしていて，木でできていることが多い．計算の仕組みだけなら，算数セットにある棒を使ってもいいし，何なら爪楊枝でも，マッチ棒でも代用はできる．

小森：周易かあ．周代にはもう何万人もが激突する戦争があったんだからな．兵站だって馬鹿にならない．食糧，馬具，武器なんてものは，何十万，何百万といった数で数えないといけないだろうし，

周は古代中国の王朝．B.C.1023-B.C.256. この時代には，孔子も老子も，孫子も屈原もいる．

そりゃあ計算は発達してただろうな.

Dr.K：数を書き記すのと，数を演算するのとでは自ずと機能が違って，現代の数の表記法が如何に優れているかが分かるんだけど，初めは当然まだ別々のものを同時に思いつくなんてわけにはいかなかったろうしね．古代中国の記数法が優れていたお陰で，今のわれわれ日本人がどんなに恩恵を蒙っているか，想像を超えるものがあるね.

正人：そういう話はまたあとにしてください．数の表し方だけでも教えてもらえませんか.

Dr.K：ハハハ，ゴメンね，ジリジリしてたかい？

　まず，0 がなかったというのに，10 進記数法だったんだね.

美音：基礎の数字が，一，二，三，四，五，六，七，八，九，十で，そのあとは 10 のベキに対して，百，千，万，そこからは，十，百，千を 3 回繰り返して，10^4（一万）倍ごとに新しい数詞が，億，兆，京，垓，秭，穣，溝と続くんでしょ．もっと上まで一文字の数詞はあるんだけど，これで十分よね.

正人：お姉ちゃん，すごいこと知ってるんだね，感心しちゃった！！

美音：へへへ，エライでしょ．実は，この前の数学の時間に習ったのよ．吉田なんとかいう人の，なんとかという本があって，そこに書いてあるのよ．先生，何でしたっけ？

小森：ハハ，化けの皮が剥がれたか．その本は有名なんだ．俺だって知ってるぞ．吉田光由の『塵劫記』だ．江戸時代のちょっと高級な寺子屋の標準的な教科書だ.

　それにな，美音，せっかくなら，一文字の数詞の終わりまでくらい，覚えておいたらどうだ.

正人：すごいね，おじいちゃんは覚えてるんだ！

小森：いやなに，覚えていたんだが，今はうろ覚えでな，でもいったん覚えておけば...ウーン，最後が載だったかな，その前が...正だったと思う．まだあったと思うけど，何だったっけ，K.

美音：私は覚えてるわ．ただ，一から溝までは，テンポよく一気に言えるから，スッと出てくるだけよ.

　でね，お父さん，「正」の前にはもう 1 つ澗があって，「載」の後ろには極があるだけよ.

Dr.K：さすがに現役だね．それはまた大きな数を書き記すときに

吉田光由 (1598–1673).
江戸期の数学書のロング・ベストセラーである『塵劫記』の著者．基になったと言われる中国の算書，程大位の『算法統宗』も広く普及したものだが，『塵劫記』は現在も多くの著者が引用することで，広く知られている．日本での記数法の標準になった．その成立の背景には諸説があって，キリシタンの影響があったという説もある．角倉了以の孫.

役に立つ知識だが，明末までに整理された記数法のうちで，吉田が選んだものと思ったほうがいい．

　数字での表記法は，前にも言ったように数学というより文化なので，時代とともに変わっていくんだ．使われている文字だって変わっていくんだね．「穰」も，『塵劫記』ではその字だが，中国の文献では「壤」が使われていた例もある．中国では，音が同じ場合，違う字でもけっこう平気で使うというところがある．実は「秭」は和製漢字で「補」などが使われた例がある．

　億も萬萬と書かれていたことがある．

正人：その「萬」というのは，万と同じなんですか．

Dr.K：そうだよ．字体も変わるんだね．万の上の数詞を万倍して使うというのも新しくて，最初は，十倍で使ってたんだ．

正人：そうすると，どういうことになるんですか？

Dr.K：表にしてみるかな．

一	十	百	千	萬	億	兆	京	垓	秭	穰	溝	潤	正	載	極
1	10	10^2	10^3	10^4	10^5	10^6	10^7	10^8	10^9	10^{10}	10^{11}	10^{12}	10^{13}	10^{14}	10^{15}
1	10	10^2	10^3	10^4	10^8	10^{12}	10^{16}	10^{20}	10^{24}	10^{28}	10^{32}	10^{36}	10^{40}	10^{44}	10^{48}

　これだけの数の数詞が作られたのもかなり後世になってからだが，最初のうちは 10 倍を表すので十分だったんだろう．それがもっと大きな数を表す必要が生まれ，新しく数詞を決めるよりも，数詞として知られている文字を利用したほうがよいということで，3 段目のような工夫をしたんだろうね．

美音：それはそうですよね，「一」「十」「千」は最初から数詞として考えられた字のような感じですが，「萬」以降は数詞というより，それまでに知られていた文字を利用しているって感じですものね．

Dr.K：調べて分かるかどうか分からないけど，確かにそんな感じがするね．

　ところで今は，話を戻して，どのように算木で数を表し，計算をするかを説明しておこう．『塵劫記』が普及するのと日本式の算盤が広まっていくのは似たような時期でね，それまでは，計算は算木を使って行なわれることが普通だったんだ．加減乗除に開平や開立までやってたということだ．原理は分かるんだが，具体的にどうやっ

2.16 算木は計算の道具 135

開立の計算方法は，最近ではいろいろな本の中で紹介されているので，ここで面倒なことをしないでもよいでしょうね．

たのかまでは僕は知らないな．

美音：開平というのは平方根を求めるってことでしたよね．開立というのは…，そうすると，立方根を求めるってことですよねえ．エッ，そんなことできるんですか？

Dr.K：アルゴリズム的には多少面倒にはなるができるんだよ．ちょっとした手品みたいで，きっと面白いだろうね．

そう言えば，算盤の上級者だとできるのが当り前らしくって，確か実演を見たことがあるような気もしてきたなあ．

小森：そういう記憶は衰えているみたいだな．

Dr.K：そうだなあ，忘れっぽくなったよ．

それはともかく，まずこの表を見てもらおうかな．

1	2	3	4	5	6	7	8	9
│	‖	‖‖	‖‖‖	‖‖‖‖	⊤	⊤‖	⊤‖‖	⊤‖‖‖
─	＝	≡	≣	≣̲	⊥	⊥̲	⊥̲	⊥̲

11 は ─│，12 は ─‖，23 なら ＝‖‖，125 だったら │＝‖‖‖，2468 なら ＝‖‖‖⊥⊤‖‖‖ という感じに算木を並べるんだ．基本の数字がなぜ2種類あるかといえば，2468 の所で分かるように，交互に並べれば，切れ目がはっきりして，位取りも間違いにくいということだろうね．0がなかったんで，空位のところは算木を置かないことにしていた．

いいかい？1段目の数字は1の位，100の位，10000の位などを表し，2段目の数字は10の位，1000の位，100000の位を表していることにするんだ．その反対にすることもあったようだ．

これだと，足し算や引き算は難しくなくできるよね．マー君，やってみるかい？

正人：ハイ，やってみます．1＋1＝2 というのは │ と │ を持ってきて，‖ とすればいいんでしょ．算木の代わりに算数セットの中の棒を使ったら，分かりやすいね．

算数セットがなかったら，爪楊枝でもできるんだ．

小森：これはまさに，リンゴでやってたのと同じじゃないか．1個のリンゴがありました．もう1個リンゴを持ってきました．2個の

江戸時代には，赤色の算木を用意して，負の数を表すことにして，並べておいて相殺するという方法で引き算を表すやり方もあったようですが，ここでは述べないことにしましょう．

リンゴがありますねというのと，おんなじだよ，これは．

正人：そうだね．算木を 1 本置いて，1 を表します．もう 1 本算木を置いたら，それが 2 を表します，ということだもんね．

　数を足すというのは，その分だけ算木を置いていくということなんですね．

小森：なるほど，$1+1=2$ は当り前なんだ．2 という数概念があればいいんだな．それを表すのが 2 ということか．∥ でも＝でもいいわけだし，そう表すということ自体が $1+1=2$ を表しているわけだ．

Dr.K：そうだね．数概念としての 2 の話はまたあとにして，少し練習してみようかな．じゃあマー君，$4+8$ くらいでやってみるかい．

┃ 2.17　算木で足し算

正人：はい．まず 4 は ⦀⦀ ですよね．それから 8 は ⫼ だから，どっちから算木をとってもいいけど，たとえば⫼ のほうから，丅 を取ってしまって，4 である ⦀⦀ と合わせればそれが 10 だから，その分を全部なくしてしまって，その代わりに ― を全体の前におけば，―∥ になる．さっき見たようにこれが 12 を表してるんだから，計算終わりですね．

　わあ，これ面白いや．

Dr.K：まあ，それでいいんだけどね．マー君が数の計算を知ってるから，という感じの説明になってるね．せっかくだから，素直に算木を移していくというふうにやってみたらどうかな．

正人：どういうことをしたらいいんでしょうか...

Dr.K：まず，⦀⦀ と ⫼ を少し離して置くよね．前を基本にして，後ろを足していく気分でやれば，まず⫼ の上の横棒を ⦀⦀ の上に置くと ⫼ ができるね．残っている ⦀ の内の 1 本をとって，⫼ につけようとすると，いっぱいになって，その分を全部やめて，― に代えて，そのあとに残った ∥ を置けば，―∥ となるわけだ．

　口で言うとあまり変わらないように聞こえるかもしれないけど，実際に棒を動かすと，とても簡単なことが分かるよね．

正人：はい，本当にそうですね．じゃあ，僕は，前と後ろを逆にし

てやってみます.

　まず，||||| から1本とって，|||| にくっつけると，|||| と ||| になり
ますね．||| からもう一つ取って，|||| にくっつけようとするといっ
ぱいになるから，その分を全部止めて，― に代えます．そのあと
に残った || を置けば，― || となりますね.

　あ，どっちでやっても，おんなじことになるよ.

美音：やる手間の数も同じなのね．本当に，面白いわ．さっきのを，
少し大きい数でやってみてもいいかしらね.

正人：お姉ちゃんだって，やってみたいよね．どうぞ，どうぞ.

美音：じゃあ，$125 + 2468$ でやるわね．さっき書いてもらった表を
使って，| ＝ ||||| と ＝ |||| ⊥ |||| を足せばいいのよね．下の数を上
に足すことにするわよ．反対のほうが楽かもしれないけど，このま
まやってみるわ.

　まず，||||| と |||| を足すだけど，|||| の横棒は5を表すから，||||| に
くっつけるといっぱいだから，それを全部なくして，代わりに ― を
10の位につける．1の位は残ってる ||| を上に移す．そうすると，10
の位は＝と⊥と今の ― だから，これを全部一緒にすると ≟ になる
わね．100の位はまた同じで，| と |||| を足せば ||||| になって，繰
り上がりがないから，1000の位は＝のままよね．だから，＝ ||||| ≟
||| (2593) となるのね.

　確かに，口で言ってると大変に聞こえるけど，手を動かすと計算
はあっという間にできるわね．なかなか優れものじゃないかしら.

正人：だけど，こうやって並べていくだけだと，1段目と2段目の
数字を位ごとに交互に使うというのはすごい工夫だね.

Dr.K：そうだね．実はそのようになったのは，けっこうあとになっ
てのことで，やっぱり最初のころは1種類しか使わなかったみたい
だね．それでも，非常に特殊な専門家しか使わなかっただろうから，
それでも実用上は問題がなかったんだろう．それが，だんだんと多
くの人が利用するようになると，誰にでも分かりやすいような形に
と工夫をしていくことになるわけだ．そこで，漢代になる頃には，

このやり方だ
と繰り上がりを最後に処
理したほうが分かりやすい
かもしれないな.

　離しておいてあ
るからいいけど，書くと
きには何も置いてないこ
とを表すものが欲しいよ
うな感じだなあ.

縦書きなのに数字は横書きなんだなあ．いいのかなあ．算木の計算を書いたら変な感じだけど，実際にはモノを動かすのだから，横に置く方が自然なのかもしれんな．

問題はあってもやり方が分からなかったんじゃないかな．何もないことを表すというのは，大変なことだし．
あれ，0 はインドから直接にということはなかったんだろうかな？

李治 (1192–1279) は南宋から元初の数学者．フビライから公職に就くよう求められたが，健康と老齢を理由に固辞する．『測円海鏡』以外にも多くの著書があったが，死に臨んで息子に『測円海鏡』以外を焼却するように遺言した．しかし，1259 年の『益古演段』も残っている．

1 段目と 2 段目の数字を位ごとに交互に使うようになったが，最初のうちは交互というだけで，奇数位と偶数位での使い分けが特定されていたわけではなかったようでね．│ ≡ で 15，‖ ≡ で 35 を表すものや，≡║ で 57 を表したりするものが混在して記録に残っている．左から高位の数字という取り決めはあったようだね．

でもやはり，0 がないために混乱が起きやすくて，奇数位と偶数位での使い分けをするようになったみたいだね．

正人：それでも，やっぱり，たとえば 63 なのか 6003 なのかは⊥と ‖ との間の隙間が空いているかどうかで決めるのは，紛らわしいだろうなあ．

美音：その上，6003 と 600003 とを区別するのが，⊥と ‖ との間の隙間の長さで区別するしかないのね．

Dr.K：本当に君たちは現代人だね．今から 2000 年も前の人たちが，それを区別しなければいけないような事態に落ち込むことは滅多になかったんだよ．あったとしても，非常に特別な立場の人たちで，気をつけていれば問題はなかっただろうね．

ただもちろん，記録に残すとなれば話は別で，それは区別がしたいだろう．だから，書き残す字のようなものとしては，もっと区別がはっきりする必要があったわけだ．

さっき 0 がなかったと言ったけど，もちろんシルクロードによる東西交流も盛んだったんだから，アラビアで 0 が普及するようになれば当然，中国でも 0 の存在というか利便性を知るようになって，記数法にも取り入れられるようになる．

1248 年に出版された李治の『測円海鏡』には 106929 のことを │○⊥ ‖ ＝ ‖ と書かれている例があるし，1303 年に出版された朱世傑の『四元玉鑑』には 10 を │○，20 を ‖○，70 を ⊥○ と書いた例がある．書き物ではもう，第 1 段と 2 段目の基本数字は区別しなくなったのかもしれないが，人による書き方の違いなのかもしれない．

彼らは宋末から元にかけての人だからね，元の初代皇帝であるフビライのところにマルコ・ポーロが来てたなんてことからいっても，十分中国でも知られるようになっていたんだろうね．

印刷文なんかでこの表示で数を書くときは，数と数の間の隙間を

朱世傑 (1208-1303),
字は漢卿，号は松庭.
宋・元代の人. 官に仕え
ず. 天元術（算木を使っ
て高次方程式を解く方法）
も論じている『算学啓蒙』
(1298) や 4 変数の未知
数を持つ方程式系（非線
形も）を論じる『四元玉
鑑』(1303) を著す.

マルコ・ポーロ (1254
頃–1324) はイタリア，ヴ
ェネツィアの商人で旅行
家.『東方見聞録』で日本
をジパングと紹介.

秦以降の中国の王朝
前漢：B.C.206–A.D.8.
後漢：25–220.
隋：581–618.
唐：618–907.
宋：960–1276.
元：1271–1368.
明：1368–1644.
清：1616(1636)–1912.

一切入れずに詰めたものとして表すようになっていったみたいだなあ. しかし，そういう字は専門家でないと見にくいだろうし，現行のアラビア数字のようなものが広まれば，消えてしまうのも仕方がないね.

正人：中国の数字のことは何だかたくさん勉強したけど，漢とか周とか元とか，それたぶん中国の国の名前ですよね. 漢字は漢の字という意味だから，漢が昔の中国の名前だってことは分かるんですけど.

Dr.K：そうか，中国は，統一王朝だけでもたくさんあるからね. 周は，漢の少し前の国で 900 年くらいも続いた国だが，始まりは今から 3100 年以上も前ということになっている.

日本と中国の間には古くから国交があったし，文化的にも文明としても中国は長い間，日本の先生だったから，日本の政治や文化にも大変影響があって，その時々の国の名前も歴史的事件やものの名前なんかに残っているんだよ. いつの時代がそれに当たるか，あまり気にせずにそういう言葉を使ってる人も多いほど，なじみの深いものになってるんだが...

2.18　ローマ数字

正人：じゃあ，別の数字の話を訊いてもいいでしょうか. 同じものを繰り返すのには限度があるというのは分かるんですよね. 特に字として書くときは，十分細かい字を書くことができる道具が普及してるかどうかということも，問題でしょうね.

そういえば，昔の時計の文字盤の時間は，I, II, III, IV, V, VI, VII, VIII, IX, X, XI, XII と書いてあったような気がしますが，あれもそうなんですね.

I が縦棒で 1 を表していて，それを並べて 3 まで表し，4 つ並べると見難いので，見やすい違う形にしたんだろうか？

美音：V が 5 を表していて，IV は 4 を表すんだけど，どうしてだか分かってる？

正人：5 を表す V の，左に I を書くと V から引いて 4，右に I を書くと足し算で 6 だよ. 同じように 8 まで右に足していくけど，4 つも縦棒では見にくいから，10 を表す X の左に I を書いて，$10 - 1 = 9$

たしか，IIII や VIIII も使われてたような気がするが，時代によるのかな？

を表すわけさ．マヤの数字とおんなじで，5進法も混ざった書き方だね．4つ重ねるやり方よりも文明的な感じがするね．

Dr.K：そうだね，それはローマ数字だね．ローマ帝国以来の数字だからヨーロッパの古い建造物なんかにも刻まれているのを見ることがあるだろう．文明もかなり進んで，数字の書き方も整理されてきた感じがするね．しかし，筆算にはあまり適した記数法じゃないので，計算には算盤が使われていたようだ．その算盤も，日本の算盤とはかなり形が違って，われわれから見るとあまり使いやすいとは言えないね．計算をするというだけの職業が存在したようだ．普通の人に算盤が扱いにくかったからだろうね．

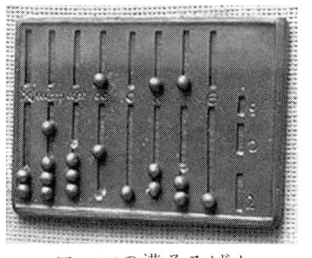

ローマの溝そろばん
出典：東京理科大学近代科学資料館所蔵

　この写真はローマの溝そろばんと言われるもので，板に溝を掘って，そこに小石を並べて使うんだけどね，溝の間に書いてあるのは桁を表す数字だ．古代メソポタミア時代 には粘土板や砂の上に線を引いてその上に石を並べたらしくてね，これに似たものだったんだろう．ただ，粘土板で作った実用品だからね，残りにくかったんだろうかなあ．ローマも古い時代にはテーブルの上で同じことをしたらしく，そのテーブルをアバカス（そろばん）と言ったようだね．そのとき置いた小石のことをカルクリと呼んだのが，今の英語の calculation（計算）の語源になっている．溝そろばんはそれを携帯用にしたものらしい．

　それらは，あとには残りにくい形のものだけど，残っている最古のものは，古代ギリシャのものだ．アテネの西のサラミス島で発掘されたサラミスのタブレットは大理石でできていた．だから，使う

ピサのレオナルド (1170
頃–1250頃) はイタリア,
ピサの人だが, ボナッチの
息子というフィボナッチ
という名前で言及される
ことが多い. フィボナッ
チ数でも有名.

ボエティウス (480–
524) は西ローマ帝国が
東ゴート王国に代わられ
る頃の政治家で哲学者.
アリストテレスなどの著
作のラテン語訳で有名だ
が, アラビア式記数法の
紹介者としても知られる.

数字は違うけどメソポタミアからローマ帝国まであまり計算道具は
変わっていなかったみたいだね.

　実際, ルネサンス前期にフィボナッチがアラビアの記数法をヨー
ロッパに紹介してから, それは普及していくんだ.

　そういえば, 面白い絵が 1508 年に描かれているんだ. その頃に
は, 古来の算盤よりもアラビア数字での筆算のほうが速く計算でき
ることが広く知られていたんだろうね.

　古い算盤による計算者の代表としてピュタゴラスが計算している
図を右に描き, 左にボエティウスがアラビア数字を使って筆算で計
算する図を描いて対比させ, 新しい計算法の優位性を宣伝するよう
な絵があるよ. 真中の女性にはアリスメティカエなんて書いてある
から, 計算の女神が判定する図ってことかな.

　フィボナッチ数列というのを聞いたことがあるだろう. フィボナッ
チというのはボナッチの息子という意味のフィリウス・ボナッチを
縮めたものでね. 正式にはピサのレオナルドと呼ばれていた. 本人
は自分をビゴリと呼んでいたらしい. 彼のことを, レオナルド・ビ
ゴリと書いている文書が残っているということだ.

　子供のときにね, ピサの外交係だったらしい父について, 当時は

イスラム圏だったアフリカ北岸も含めて地中海沿岸を旅して回ったんだ．異文化に触れるという意味でも，当時の第一級の知識人だったようだ．

1202 年に書かれた『算盤の書』は 10 進記数法とそれによる四則演算法などを，インド・アラビア数字とともにヨーロッパに紹介したもので，それ以降の算術の教科書はこれを縮小したり敷衍したりしただけのものであることが続いた．それほど，大きな影響を与えたということだ．彼は「無」を意味するアラビア語 sifr からの音訳で，0 をゼフィルム (zephirum) と呼んでいる．中世のラテン語だね，それがイタリア語になり，近代ヨーロッパ言語ではどこでも zero（ゼロ）となったものらしいな．

美音：それが 0 の誕生ですか？

Dr.K：いや，単に 0 をゼロという言葉で呼ぶようになった経緯というべきだね．概念はやはりインド人のものだろうな．最近はそれにもルーツがあるという話を聞いたことがあるが，僕自身はあまりそういうことには興味がないんだ．

美音：あの，もう 1 ついいですか？

小森：そろそろ終わりにしないか．台所のほうの準備は終わってる頃だろう．

Dr.K：ずいぶんいろんなことが中途半端になってるなあ．これでやめてもいいのかい．

小森：俺としては，何を学ばなければならんということはないんでいいんだが，子供たちはどうなのかな？

美音：私は，古代エジプトの，ピラミッドを作った文明にはきっと優れた数学がというか，幾何や算術があったに違いないと思うのですが，そういう話を聞きたいですね．

小森：K，悪いんだけどな，この前のときのことを考えると，時間をおくとまた変なほうに話が曲ったり，こちらも忘れたりするんでさ，ウーン，言いにくいんだけどさ，今日は泊まっていかないか．

Dr.K：エッ，ウーン，そういうふうに言わずに家を出て来たしなあ．

小森：奥さんにはあとで俺から電話するからさ，それで，明日の朝，頭がすっきりしてるところで，ササッと数学っぽく話してくれていいからさ，そうしてくれよ．

エジプトの話はお預けになっちゃったのかしら．いつかしてもらえないかなあ．きっとしてもらえるよう，忘れないようにしよう！

正人：うん，それは名案ですね．僕の訊きたい話はすぐには終わりそうもないし．でも，いいんですか？できるんなら，そうしてほしいなあ．

美音：私も，そうしていただけるとありがたいです．タッチャンの脅威のないところで，数学の話をお聞きするのは楽しみだなあ…．あ，すみません．勝手なことばかり言って．

Dr.K：まあ，僕のほうはいいけど，君の奥さんのほうはいいのかい？

小森：まあ，そっちは任せとけ．また来週来られるよりもいいだろうって…．これは，向こうに対する言い訳さ．

Dr.K：僕の家のほうには君が話してくれて，君の奥さんさえ「いい」と言ってくださるんなら，じゃあ，そうさせてもらおうかな．

小森：そうしろそうしろ．いや，頼んでるのはこっちのほうだな．

　突然にぎやかな足音が近づいてきた．今度こそ，今日は終わりになるだろう．襖を開けて最初に入ってきたのは，小さな恐竜だった．冬眠から覚めたらしい．

2.19　今日の食事もにぎやかで

竜人：マーくーん，手を洗ってらっしゃい．手巻き寿司だからしっかり洗うんですよー．ビョン姉ちゃん，運ぶの手伝ってって，おばあちゃんが呼んでる．

小森：じゃあ，正人に美音，台所に行って，今の話をしてきてくれ．臍を曲げると困るからな．

　あ，それから俺も電話をしないといけなかったな．

　美音と正人が飛び立つように出ていき，入れ替わるように大勢が行き来して，テーブルも運ばれてきて，すし飯の入った木の桶が2つ，色鮮やかな具を盛りつけた皿が数ヶ所に置かれた．あっという間に食事の支度が終わり，総勢8人がぐるっと輪になって座った．

小森夫人：ご苦労様でした．Kさん，明日もお願いするようですね．今日はもうゆっくりしてくださいな．子供たちが集まって食事するときには，面倒がなくて手巻き寿司にすることが多いんです．Kさ

ん，良かったかしら．

小森：そんなこと言われて，悪いというヤツはいなかろうさ．豪華にも質素にもできて，好きなものを食べればいいから，小さい子供がよほど偏食でも，一緒に楽しめる．

理香：そんなこと言って，私たちに偏食なんかさせてくれなかったくせにね．孫には甘いんだから．でも，ありがたいことに竜人は何でも食べてくれるし．

小森：とりあえず，みんな座って一度乾杯しよう．K，これは地ビールだ．ちょっと面白い味だから，一杯だけつきあえ．じゃあ，乾杯！

Dr.K：なるほど，飲んだことのない味だ．本場のドイツにはいろいろな作り方のビールがあるというが，地ビールだといろいろな作り方を試してみることができるんだろうな．

　ところで，明日の朝は講義に近い感じで話をするつもりだけど，今日のところで何か気になることはないかい？　じゃあ，数学的でなくてもいいよ．

小森：何でも教えてくれるっていうのか．

Dr.K：何でもなんて，できないけれどね．数学的でなくてもいいといっても，今日の話題からならそれほど非数学的にもならないだろうさ．分からないことを訊かれたら，一緒に考えることにすればいい．

　じゃ，質問を受けつけるかな．はっきり数学的なものは明日にして，それほど数学的でないものを，食事しながら，ざっと片づけることにしよう．

小森：1足す1が2になるって話は，明日こそしてくれるんだろうな．

Dr.K：ああ，もちろん，今日も美音ちゃんがペアノの公理を持ち出してきたときに，いっそあっさりと済ましてしまおうかとも思ったんだけど，そこにタッチャンが現れたからね．

正人：1＋1＝2の話は，絶対に明日までには終わりにしてください．お願いします．僕が始めたようになってるけど，こんなに大変なことになっちゃうのって，うーん，やっぱり僕のせいなのかな．

　とりあえず終わりにしたいです．

小森夫人：私もちょっといいかしら．先ほど，バラの話題で盛り上がりましたよね．でも，本当はバラそのものが問題なのじゃなくて，

片づけられちゃうのか．そうだよねえ．頑張って，大人の会話の中に割り込むぞ！

バラの名前と数の名前をとおして，抽象化のあり方を話しておられたんですよね.

それ，エーコという人の『薔薇の名前』という本と何か関係があるのかしら.

Dr.K：必ずしも関係があるというわけじゃないんですが，最近読んだから記憶に残っていたということはあるでしょうね. その中に，いくつか印象に残った言葉があるんです. たとえば，「書物というのはつねに，信じるためにではなく，検討されるべき対象として書かれる」というのがあります. 学生は教科書に書いてあると，何でもそのまま信じてしまいたがる. 常に疑え，とまでは言わないけれど，誤植があるかなぐらいは思って読んでくれるといいんですがね.

小森：本は批判的に読めってことか. それはそうだな.

Dr.K：そうすることで初めて，読んだものを自分の世界観の中に取り込むことができるわけだ.

小森：なぜだか，妙にバラにこだわるなと思っていたよ. その本に，文字だとか概念の問題が論じてあるのか？

Dr.K：論文ってわけじゃない. 推理小説だよ.

小森：フーン.

Dr.K：ただね，著者が記号論の学者なんだ. 最初は中世の美術や，トマス・アクィナスを研究してたらしいんだが，テレビ会社に就職して，美学や芸術論，大衆文学論，大衆文化論のほうに関心が広がっていくんだ. 大学の建築学部なんかで，美学や視覚コミュニケーション論を講義するようになって，記号の問題に興味を持つようになっていき，記号論の講義もするようになるんだ. ついには 1975 年にはボローニャ大学の文学哲学部に記号論の講座ができ，そこの初代の教授になるんだ.

小森夫人：記号論なんて学問があるのは初耳ですが，エーコというのはそういう人なんですか.

Dr.K：ええ. それでですね，『薔薇の名前』は彼の処女小説なんです. もちろん啓蒙書的な本もたくさん書いているんですが，そういう形では伝えられないというか，それでは届かない人にも届くようなものとして，推理小説という形を選んだんじゃあないのかな.

バラと限定するだけなら，今じゃ遺伝子の DNA 解析も進んでるから，分類も形状や性質なんかよりもずっとはっきりと近縁性を評価することができるんだろうが，さっきそんなことを言わなくてよかったな.

しかし，押さえるところはきちんと押さえてて，この人はこの中で一番賢いような気がするなあ.

トマス・アクィナス (1225 頃–1274). ドミニコ会士. 大著『神学大全』で知られる，スコラ学の大成者.

ですから推理小説と言っても，衒学的なミステリーというジャンルのものです．14世紀の初めのイタリアの修道院で起こる殺人事件ですが，動機がとても変わっています．その修道院は写本作りの一大工房になっているという設定で，キリスト教とそれに関連するあらゆる書物を収集して，写本や訳本を作っているんですね．アリストテレスがユーモアについて論じている本のアラビア語の翻訳が存在していることを隠すというのが，殺人の動機なんです．その動機にリアリティを与えるために，延々と神学的な議論や哲学的な議論が展開されるというわけです．

小森：フーン．で，修道院の庭にでもバラが咲いているのか？

Dr.K：そんなことはないんだ．上下巻の厚い本なんだが，バラが初めて出てくるのは下巻の40ページになってからだ．そこに「全宇宙とは」「神の指で書かれた一巻の書物であり」「その中では一切の被造物がほとんど文字であり」「一輪のささやかなバラでさえ私たちの地上の足取りに付された註解となる」と書かれている．

　それ以外には，一番最後の一文まで出てこなかったような気がする．

小森：フーン．バラは象徴なんだな．で，その一文というのはどんなものだい？

Dr.K：「過ぎにしバラはただ名前のみ，虚しきその名が今は残れり」と言うんだがね．

小森夫人：『薔薇の名前』というのを題名にしたということでメッセージを送っているわけね．

小森：分かったようなことを言うじゃあないか．

小森夫人：あら嫌だ．恥ずかしいじゃありませんか．

理香：お母さんは相変わらずね．あの，それよりも，私も「1足す1が2になる」という話をお聞きしておきたいんですが．

Dr.K：そうですね，すべての発端がそこですからね．数学的な話は明日することにして，皆さんの中の疑問だけは解決しておきましょうか．

正人：エッ，そんなこと簡単にできるんですか？じゃ，今までやってきてたのは何だったんですか？

Dr.K：数学とは何か，というかね，数学が何を扱うものであり，ど

　長い小説の中で2回しか出て来ないバラがタイトルになってるのね．日本の文学ではちょっと考えられないような，何と言うかな，すごい透徹した象徴性というか．…国語科学生としてはしゃれたコメントができないと発言しにくいわね．

のように扱うのかということを話してきたつもりなんだけど，そういうふうには思わなかったのかい？

正人：ええ，それはそういうつもりで聞いていましたが...

小森：俺たちが数学に対して持っているイメージがあまりに本質と違うので，何がどう違うのかを，われわれが本当に理解するように導いてくれていたということだろう．

正人：それは分かっていたつもりだったんですが...

Dr.K：何か行き違いがあったのかな？ あったとしたら，僕の話し方がまずかったということなんだが...もしかして，$1+1=2$ と「1足す1が2になる」ということが同じだと思ってるんじゃないだろうね．

あら，それじゃあ，竜人のための話にはならなかったわねえ．

2.20　1足す1は2にならない！！

正人：それが違うことだって，うすうす感じてはいたんですが，はっきり違うとも思えなくて...

Dr.K：エーッ，まだ言ってなかったかい？ そりゃあ悪かった．いろいろな人が途中で参加してきたんで，君にどこまで話してたかが分かってなかったよ．今，その話をしようとしてたところだ．君には繰り返しになるけど，仕方がないなあと思ってたんだ．そうかい？ まだ話してなかったのか．

　じゃあ，$1+1=2$ が数学内部の話だというのはいいかな？

正人：はい，それはもちろん．

Dr.K：で，そのことは明日の朝，数学の講義として話そう．

　「1足す1が2になる」というのは，そうだなあ，何なんだろうなあ．$1+1=2$ を言葉で表現したものというか，何かしらの状況に適用したものと言ったらいいかなあ．

　それともむしろ，$1+1=2$ というのはいろいろな「1足す1が2になる」という事実の観察を抽象化したものと言ったほうがいいのかなあ．

　まあ，この世に起こる事実だから，なると考えるのが便利だが，なると考えると不自然なことも起こるかもしれない．

小森：K，何を言ってるのか，全然分からんぞ．

Dr.K：わるいわるい．確かに分からんだろうな．じゃ，こうしよう．

「1足す1が2にならない」というのはどんな状況で起こるのかを考えてみることにしよう．

正人：そんなことがあるんですか？

Dr.K：あると思えるようなことがあるから，そういうことが問題になるんだろうね．

小森：ことの発端になったのは俺が言ったことからだったようだが，それはどういう言い方をしたんだったかなあ．

「1足す1が2になるような仕事の仕方をしてはいけない」という感じだったかなあ．

ウーン...そうかあ，仕事の成果を何で測るかということがそもそも問題だったようだな．

1の仕事と1の仕事を足して2の仕事になるというのは，単純な作業というか機械的な作業でしかあり得ないような気がするな．そうか，機械的に繰り返すような仕事の仕方ではいけない．もっと工夫する必要がある，ということが言いたかったんだな，俺は．

そうか，機械的な繰り返しや積み重ねのイメージとして足し算を比喩として使ったんだな．

正人：勉強でも同じだよね．1時間の勉強を2時間やったからといって，倍の点が取れるようになるわけじゃないもんね．

努力と点数が比例するなら，頑張るんだけどなあ．

Dr.K：しかし，努力と点数には正の相関はある．比例しないというだけでね．時には頑張ることがマイナスに働くこともあるだろうが，それはまた別の話題だな．

そうだな，昨日さ，数えるためにいろいろなものを持ってきてもらったよねえ．そういうものからでも，何か思いつかないかな．

正人：ウーン，何かあるかなあ...

俊子：あのときは，リンゴとミカンと，それに小豆と大豆を持っていったわよ．

ああ，そういえば，小豆と大豆をうっかり混ぜてしまうと，量が減るのよねえ．

正人：それ，どういうこと？ えーっと，たとえば小豆と大豆を1リットルずつ混ぜ合わせると2リットルより少なくなるというこ

うっかり混ぜたりしたら，分けるのが大変．ちょうどいい具合の篩があればいいけど．小豆と大豆を一緒に使うような料理ってあったかしら．

と？本当にそうなるの？　どうしてかなあ？

Dr.K：多分考えたら分かると思うよ．1リットルの大豆が，そうだね，たとえばビーカーのような透明な容器に入っていることを想像してごらん．ぎっしり詰まっているように見えても...

正人：わかった！　ぎっしり詰まっているように見えても，大豆と大豆の間には隙間があるよね．けっこう大きな隙間がさ．その隙間に入り込むような小さい粒なら，全体の体積が増えないことになるよね．

　小豆は隙間に入り込むまでは小さくないけど，小豆が混ざるほうが空いてしまう隙間は小さくなるんだ．

俊子：あまりやらないことだけど，水と油だって，混ぜれば量^{かさ}は減るわね．

正人：分子の大きさが違うってことなんだろうかな．フーン，そうなんだ．

　エーッと，で，これは「1足す1が2にならない」という例だと思えばいいんですか．

Dr.K：それは，何をどう考えるかによっているね．

　こういうことは体積では起こりやすいね．同じ大豆だけで考えたとしても...そうだ，やってみよう．小豆か，大豆があるかい．

美音：ハイ，ここにあります．

小森夫人：さっき出ていったと思っていたら，あら，いつの間にか戻ってたのね．

美音：へへへ，今日はずいぶんお邪魔虫だったから，少しは役に立たないとね．

Dr.K：ごくろうさん．じゃ，空のコップをくれますか？　ここに大豆をざっといっぱいに入れるよね．これをトントンとすると，ほら，量が減っただろう．ゆっくり揺すっても，もう少し減るかな？　あ，減った．

竜人：ぼくもやらせて！　一番低くなった人の勝ちだね．

　竜人の提案で，にわかに「揺すり上手は誰だ」選手権が始まってしまった．

　大豆をコップに入れて，3回とんとんとして，そのあと，10数え

る間揺り動かして，机の上にそっと置く．そのとき，大豆の一番上のところまでの高さを測って，低いほうが勝ちというルールを，竜人と正人が相談して決めた．一緒に遊びをすることが多い二人が，遊びのルールを決めることにも慣れているということのようだ．

そこで，皆がトライして，1位は小森夫人になった．

竜人：おばあちゃんがユーショーだ！

小森：ざっと入れただけのときには大豆同士に摩擦が働いて，隙間が大きくても支えられているのが，揺することによって一時的に摩擦が外れると，元に戻らなくなるんだな．

でもこのことと，「1足す1が2に」なるとかならないとかということの間に，何か関係があるのか．

Dr.K：そうだね．「足す」ということが何をすることなのかを決めないと，なるともならないとも言えないわけだ．今の場合，「足す」というのは，1つの容器に次々と入れることになってるね．

そのとき，$1 + 1 = 2$ になるものとならないものがあるということだね．少なくとも体積の場合は，ならないことがあるということになった．

じゃあ，$1 + 1 = 2$ になるものにはどんなものがあるだろう？

美音：「もの」って言うと分かりにくいんですけど，体積を「もの」って言ってるんですよね．

Dr.K：あ，そうだね．体積はものじゃないって言えば，確かにものじゃないね．

小森：それは，本当は「もの」とは違う言葉を使いたかったんだが，何かの都合で使わなかったということか？ どんな都合だろうな．

小森夫人：多分，答えを教えてしまうようなことになるからじゃないのかしら．大丈夫ですよKさん，あからさまに答えを教えてもすぐに分かるような人たちじゃないですから．

竜人が疲れてきてるみたいですから，この子にも分かるように話してもらったら，お開きにしません？

Dr.K：ああ，そうですね．タッチャンに分かるようにというのは難しいけど，やってみましょう．

竜人：おじさん，むずくしてもいいんだよ．

Dr.K：分かってるよ．どうも，この子の自尊心を刺激してしまったようですね．じゃ，チャンと話すから，分からないことがあったら，質問するんだよ．

竜人：はーい．でも，何をきいたらいいか，分からなくなっちゃうと思う…そういうときは，マー君がきいてくれるからいいんだ．

Dr.K：それはいいね．

　さて，この場合，体積というもの自体が問題だったんです．

小森：それはどういうことだ．体積というのはちゃんとした数学の概念じゃないのか．

Dr.K：数学の概念としてはちゃんと定義されてるよ．

正人：数学では体積はちゃんと定義されてるけど，ということは，さっきコップに入れて測ったのは大豆の体積ではなかったということですか？　あ，そうかもしれない．

Dr.K：そうだね，もう一歩進めてみようか？　さっきやったようにして求めたのは，あの大豆の集合にとって何だったのだろうか？

小森：K先生お得意の根源的な問いが始まったぞ．今日中に終わるのか？

正人：おじいちゃん，黙ってて！　せっかく分かりかけてるんだから．

竜人：そうだよ，おじいちゃん．ぼくだってなんか，わかってきたような感じがしてるのにさ．

正人：そうですね，体積なんか測ってなかったんですよね．測ったのはコップに入れたときの高さだ．高さは，コップを揺すると低くなる．でも，低くなったからと言って，大豆の体積が変わるわけじゃない．

美音：大豆の体積って何なんだろう？　1粒1粒の大豆の体積は，それぞれに決まってるわよね．2粒の大豆の体積も，決まっている．それはそれぞれの体積の和ですよね．だけど，何十粒と集まったときには，体積と言ったってそれぞれの粒の体積の和ではなくて，何というかなあ，集団としての体積？のようなもの？　ウーン，何なんですか？

正人：お姉ちゃん，足せるかどうかという話をしてるのに，体積の和を考えるのが正しいみたいな言い方をしたらダメなんじゃないのかなあ．

また，口を出してしまった．子供たちのために来てもらってる建前を，すぐに忘れてしまう．年甲斐もない．反省せんとな．

Dr.K：時間がないので，ドクターストップをかけることにする．これも宿題として考えてくれないか．本当はここでちゃんとやっておくといいんだが，今までのようにやっていれば，このことだけで2時間や3時間は掛かりそうだから．考えるポイントは，先週，小森も言ってたように「科学は再現性」ということだ．一度しか起こらないことを論じることは科学的議論になじまないんだよ．

一言で言うとすればだな，「戻せるか」というのをキーワードにしたらどうかな．数学での加法には，逆演算としての減法がある．

ア，ゴメン，タッチャン．エーッとね，あるものを足したら，足したあとでその足したものを引くことができるということだ．分かるよね．

竜人：もちろんさ．

Dr.K：だから，数学の加法に対応するものを考えようとすれば，可逆なものでなければならないし，非可逆な過程で $1+1=2$ が成り立たないのは，最初から当り前ということだ．

美音：あとから引けないものは，足したことになってないということですか．

Dr.K：足すという意味をどうするかによるが，うまくいかないからといって数学のせいにしてもらっても困るということだね．

足すを成り立たせるためには，そうだな，もう一つヒントを出すかな．その集団としての体積をどう測ったかということを考えてみたらどうだろう．

竜人：コップに入れたときの高さだよ．さっきの勝負じゃあ，そうやったよ．

Dr.K：そうだったね．

正人：そうか，体積なんか測ってなかったんだ．測ってたのは高さなんだ．

その高さだって，けっこうあやふやのものだったね，大豆を入れたときに，一番上が平らになっているわけじゃないし．

高さが体積に比例すると思ってたわけだけど，それは大体はそうだということにすぎないし，そうだよね，1粒ずつ置いていくというように考えてみるとさ，置く場所によって高さの増え方が全然違うよね．

このおじさん，あたりまえのことをむずかしいことのように言うよねえ．それをみんなが，むずかしいことを聞いているような顔をして聞いてる．あたりまえのことが本当はあたりまえじゃないってことなのかなあ．

測るたびに体積が違うなんて，科学的じゃない，ってことですか．

Dr.K：つまり，どういうことになるのかな．集団としての体積というのは何なのだろうね？

近代になって自然科学が生まれたときの，基本的な物事の考え方の変化は，「何」を問うことをやめて「いかに」を問うことでその代用をしたことなんだね．

小森：ああ，昔どこかで聞いたことがあるような気がするな．確か，WHAT を問うことを止め HOW を問うことに変換したということだったような...

Dr.K：そのことを今の例で考えてみようか．集団としての大豆の体積をどういうものとして定義するかだが，定義したところで，どう測るかが決まっていなければ実際上の意味はないことになるよね．

たとえば，メスシリンダーのような，内部がちゃんとした円柱になっている容器に入れれば，たとえば水のようなものは正確に測ることができる．水平断面積が一定になるように作られているから，高さと体積が比例するわけだ．

大豆で同じことをしようとすると困るのは，隙間ができて，言わば空気と大豆の混ざったものを測ることになっているからだね．また，空気のような気体は，圧力によって体積が変わってしまうことが問題だ．

正人：気体でなければ変わらないんですか？

Dr.K：気体でないというのは液体や固体という意味かい？ 液体は多少は変わるがあまり大きくは変わらない．固体の場合は，原則として変わらないといったほうがいいかもしれないが，厳密には変わるよね．ただ，大豆のようなものは厳密に固体と言ってよいかどうか，大きな圧力がかかれば割れてしまうね．

気体や液体は可逆的に変わることができるが，固体の場合は非可逆的にしか変われないと言ったらよいのかな．有機物は，時間がたてば，腐敗したりして変化するからね，物質として固体だとは言いにくいね．ただ，短時間で考えれば，固体的に振る舞うと言ってもよいだろう．

だから，今は固体の体積はどう測るのかという問題になるね．元々，直方体でない物体の体積を求めるのは易しいことではない．境界の

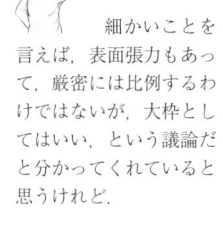

細かいことを言えば，表面張力もあって，厳密には比例するわけではないが，大枠としてはいい，という議論だと分かってくれていると思うけれど．

ボイル＝シャルルの法則だったかな．確かに，体積は変わるものね．

形状が厳密に分かれば，積分を使って求めることが可能ではある．

でも，メスシリンダーを使えば測ることができなくはない．どうかな？

アルキメデスと言ったら，思い出すことはないか？

小森：ヘウレーカのアルキメデスか！ 浮力の原理だよな．

Dr.K：そう思えば非圧縮性流体に対する物理の法則だ．数学としては固体の体積の測り方だと思ってもいい．

小森：あ，なるほどな．

正人：ああ，そうなんだ！ メスシリンダーに水を入れておいて，そこに測ろうとする大豆を入れて，増えた分が大豆の体積だ．

小森：長いこと入れておくとふやけて体積が増えるが，短時間なら取り出して乾かせば元に戻る．きわどい再現性だな．

それに，大豆を全部水の中に沈めないといけないな．

Dr.K：まあ，そんなふうにすれば体積も測れないわけじゃないが，加減法に耐える量というのは，基本的には保存法則を満たす量ということになるだろうね．

正人：質量保存法則だ！！ だから，重さなら足し算ができるんですね．

「1 足す 1 が 2 にならない」ような例を考えるんだったら，保存法則が成り立たないような量を考えればいいんだ．たくさん作れるぞ…

小森：なるほど，努力なんてのは保存せんな．なるほどなるほど．

Dr.K：その他にも質的変化を起こしてしまって元に戻らない例や，足すという意味が誤解されている例や，また単に数で測れないような例などがあるね．

小森：たとえば？

Dr.K：質的変化の例としては，10 グラムの赤の絵の具と，10 グラムの青の絵の具を混ぜ合わせると，20 グラムの紫の絵の具になるなんてのはどうかな．

それから，30°の水と 30°の水を足しても 30°の水しかできないというのはどうかな．量的なものではなく質的なものを表しているものは，値を足すとおかしくなるよね．

平面上で 1 センチの線分と 1 センチの線分を端で足しても，向きが違えば 2 センチの線分ができるわけではない．直線の中でやれば

シラクサのアルキメデス (B.C.287 頃-212) はシシリー島，シラクサの人．古代最大の数学者で，物理学者で，工学者．浮力の原理を発見したときに裸で浴場を飛び出したり，第二次ポエニ戦役でローマ軍に攻め込まれたとき，彼を連行しようとした兵士に描いていた図を踏み消され，「私の円を消すな」と言ったために殺されたなど，多くのエピソードがある． ©Bettman/Corbis（イアン・スチュアート著，沼田寛訳，『無限をつかむ』，p.30，近代科学社 (2013)）

美しさもこの保存量というのになれないわね．哀しいことだけど，人というものはそういうものだわね．

エントロピーが増大したら，元には戻らんということだな．これを言い出すと，K にかかると，これだけでまた 2 時間はかりそうだ．夜も更けたので，もう黙っていよう．

なるわけだから，これは次元の問題だね．ベクトルを習っているなら，2 つのベクトルの和の絶対値は絶対値の和以下になるということを知っているよね．

美音：それ，三角形の 2 辺の和は 1 辺よりも長いってことでしたよね．

Dr.K：そうだね．小学校の先生になるんなら，それくらいはスッと分かっててほしいものだ．美音ちゃんはいい先生になれるかもしれないね．

せっかくなら，いい先生になれそうだね，くらい言ってほしかったなあ．

小森：しかし，これはまたすごいね．

「1 足す 1 が 2 にならない」ような例を考えるというより，「1 足す 1 は普通は 2 にならない」と言ったほうがいいくらいだ．

Dr.K：そうだね．「1 足す 1 が 2 になる」ものが何かを考えるという作業は，保存量を探すことだとも言える．保存量というのは，保存されない量があるというか，むしろ保存されない量のほうが多いからこそ，意味のある概念だよね．でも，そうして，保存量が見つかると，他の量も保存量であるように感じてしまう．そういうようにして，数学に対する誤解から不満が起きてくる．

リンゴとミカンを足した個数を考えるのに合理性がないと考える人も，体積のようなものは足したがる．そして，足して和にならないと不思議に思うんだ．

1 足す 1 が 2 にならないこともあるという主張はどういう意味で考えるのか，ということこそが問題なんだが，だから数学は役に立たないという言い方は間違っている．むしろ数学はそんなことは関知しないと言ったほうがいい．

それにね，数学が役に立たないという人も，数学が間違っているとは言わない．それは数学が間違っているからではないことを，彼らも知っているからじゃないかな．数学が役に立たないということは，問題としていることについて，モデルとした数学的状況が役に立たないと言っているということなわけで，つまり，モデルが正しくない．というより，モデルが適切でないということを言っているにすぎない．

パチパチパチと，小森夫人が拍手をした．

小森夫人：Kさん，素晴らしかったわ．我が家が何だか立派な塾みたいになって，みんな一段と高尚な人間になったような気がするわね．竜人ももうお眠だし，明日もあることですから，この辺りでお開きにしません？

Dr.K：そうですね．調子に乗って頑張りすぎたようですね．僕も疲れたし，皆さんがよければ，そうさせていただきましょうか．

小森：素人でも分かるような話はあらかた終わったみたいだし，そうするか．俺はいまもいろいろと聞いているうちに，新しい疑問がいくつも湧き上がってきたし，聞いておかないと忘れそうで嫌なんだがな．とは思うものの，物理的・生理的にはもう限界だな．ここらでお開きにするか．

　俺としては1つだけ，ものを定義するのは測ることができなければいかんのだという話が気になって，忘れないでいられるかが心配になるのだが…

小森夫人：あなた…

Dr.K：まあ，そう言わずに．もう一言だけ答えておきましょう．科学もこんなに進む前は，目にするものだけ扱えばよくて，計測とは関わりのない定義ができると思われていたんだが，現代ではその問題は避けられない．目に見えないものの実在を論じ，性質を調べなければいけなくなったんだ．たとえばね，J.J. トムソンの電子の発見とか，プランクの量子の存在とか，アインシュタインの相対性理論とかも，精密な計測があって初めて，確かめられたり考えつかれたりしたわけだ．しかも，いくらでも精密に観測することはできないというハイゼンベルクの不確定性原理というものまである．

　科学が精密になればなるほど，不確かなものがあからさまになっていく．そういう不思議な時代に生きているというか，人類はそこまでの地点までやってきたというべきか．

　奥さん，もうやめます．疲れてるので，多分，すぐに寝てしまうと思いますよ．少なくとも僕はそうなってしまいそうです．どうもご馳走さまでした．

　ほとんど一斉に皆が立ち上がり，競争をしてるかのように食事の

後片づけが始まった．バタバタしてる中で，風呂を勧められ，**Dr.K**
は立ち上がった．美音に案内された風呂は，庭が和風なのに反して
機能的なものだった．しばらくして，誰もいない部屋に戻ったKは，
枕元にあった水差しから冷やした水をコップに汲んで，ぐいっと飲み
干すと布団に入った．いつもの習慣で本を読もうとしたようだが，そ
のまま朝まで眠ってしまった．鞄から本を出した形跡もない．灯
は，誰が消してくれたのだろうか．

今日はすべての参加者が疲れてしまい，まとめを書く人もいない．

第3話　1＋1＝2は自然数の世界の中で

Dr.K が目を覚ましたのは，鳥の囀りのせいだったか，それとも，遠くで人の声がしたせいだったか，起きてしまったあとでは分からない．外はもうすっかり明るくなっている．

今日の話は断固，講義調で，簡潔にしよう．横道に逸れそうになっても，一言くらいのコメントで済ます．そうしないと，昼までに終わらないからな，などと，できもしない決心をする．

Dr.K は意志堅固なほうではない．時にはけっこう立派な決心をしたりもするのだが，実現できたことがない．この男が何かをなしたと言えることが少しはあるというなら，それは実現できなかったと自覚しているからだろう．そして，何度も同じ決心をする．さすがに繰り返し挫折すると，決心の中身を少し変える．変えた決心を守ろうとする．それも実現できはしない．それでも，決心を違う形に変えるときには，何かしらのことはできている．できているから，決心の形が変えられるのだろう．小さい小さいそうしたことの積み重ねが，自分で振り返っても何かしらと言えるほどのことになっていることがある．

Dr.K はそうした自分に満足してはいないが，それほど嫌いではない．誰しも，本当に自分が嫌いなはずはないのだが，嫌なことが重なると，世間のせいにするか自分のせいにするかにするものだ．Dr.K もそうしないわけではないが，できるだけそうしないようにしている．つもりだけなのだが，それでもそのつもりを続けている．蟻地獄をはい上がるような，それともプロメテウスの拷問のようなものと言ったほうがよいかもしれない．しかし，Dr.K は歳をとったせいか，そのことを少し楽しめるようになったみたいで，そういう自分が嫌いではないと思っている．まあ，思っているだけのことなのだが．

さて，最終日でございます．K さんは数学にすればすぐに終わるとずっと言い続けていましたが，数学にしてあっという間に終わったらお客様は満足していただけるのでしょうか．

といって，延々と続けるわけにもいかず，K さんの腕というより，お客様が数学にどれほど慣れていただいているかが鍵なのです．

まことに至らない後見で恐れ入ります．おもしろいかおもしろくないかはお客様次第，などというようなことは決して思っておりません．なにとぞなにとぞ，宜しく，ご贔屓のほど，お願い申し上げます．

神も仏も信じてはいない **Dr.K** だが，何かしら天命のようなものがあると，あってほしいと思っている．今日は一日，いや半日でいいから，いい日になってほしい，そう思いながら雨戸を開けるために起き上がった．

雨戸を開ける音を聞きつけたのか，小走りに近づく足音がして，正人が顔を出した．

小森と二人だけで朝食を済ますと，講義をするのならホワイトボードがあるほうがいいだろうということになり，小森が席を立ち，しばらくすると大きな声と一緒に，正人と美音が移動式の黒板のようなホワイトボードを運び込んできた．家庭用としてはかなり大きなものだ．机と椅子も運び込まれて，会議室のような雰囲気になった．

3.1 さあ，数の話だ！

小森：さて，今日こそ，$1+1=2$ を分からせてもらえるだろうな．今日は多少は講義調でもいいから，ともかく一通りは説明を聞いたという気分にしてほしいものだ．

Dr.K：もう 3 日目だものね．僕もそのつもりだけれど．その前に，5 つのリンゴが 5 つであるとはどういうことかってことは，納得してくれてるんだったっけ．

小森：いやそんなことはない．それもまだ宙に浮いたままだったな．そもそも，1 が何で，足すが何で，2 が何かが分からないと，説明にはならないということだったな．

Dr.K：そうだそうだ．まずそれが分かってることが肝心だ．学生も，話したことを君くらい理解していてくれれば，講義もやりやすいんだが．

正人：先生，僕も分かっているつももりですけど．それで，2 が何かという説明をしようとして僕ができなかったんで，5 になっちゃったんですよね．そのあと 100 になって...，あれっ，どうして 100 になったんだっけ．

小森：思い出したぞ，K がそれが 5 だというのは大丈夫かなんて言うから，そんなこと一目見れば分かるだろうと俺が言ったんだ．そしたら，100 でも同じように大丈夫かって話になって，小豆を 100

分かってないということを確認しただけでこれだけ褒めてくれるとは，なんだか，照れくさいというか，胡散臭いというか．...

そうか，分からんことは分からん．そこから始めるってことだったな．K は，そのことをくどいように言っていた．ああ，それだけは分かってるのかと，褒めてくれたってこととか．うーん，喜んでいいのかどうか...

数えることになったんだ.

100 で一騒動あったあとで, 100 が分かったとしても, 1000 や 10000 でも同じなのかという話になったような気がするが.

そのあと, 正人が間違わないことが大切だということを言ったのかな. 間違わないために数を書いて, それを抑えながら, 小豆を数えて, 同時に数を読む. それも, 実際にやったのは 100 までだったけどな.

Dr.K：そうだね, 本当に君たちは素晴らしい. 学習者の鏡だね, まったく. 涙が出そうだよ.

小森：ハハハ, 実はな, あの日, お前が帰ってから, どんな話だったか思い出しながら, ノートに書いてみたんだ. でなきゃ, こんなに覚えてないさ. それで, 何だか, 2 でも 5 でも 100 でも 1000 でも 10000 でも同じだという感じになって, 正人が話を具体的にしようと, 5 つのリンゴの話に戻ったときに, 集合という言葉を口走ってしまい, 多分お前はそれをいいことにこの話の中に集合を持ち込んだんだ.

Dr.K：何だかペテン師のように言うね. 確かに集合という言葉や, それにまつわる演算や記号が使えれば, 僕としては話が楽になって助かるという気持ちにはなったけどね, まあ, これからも, 分からないことはできるだけ丁寧に説明するから, 集合を使わせてくれないかな.

小森：いったん使ってしまったんだから, いまさら知らない振りもできんだろうさ. 仕方がないな. だが, 難しいことはせんだろうな.

Dr.K：できるだけそうするとしか約束できないが, 気をつけることにするよ. 何が難しいかということは人によって違うから, 絶対に難しいことを言わないとは言えないが, まあ, 分からなくなったらいつでも話をとめてくれていいよ.

小森：そう言ってくれなくても, こっちは全員でお前の足止めをしてるようなもんだ.

Dr.K：そうだな, じゃあ, 美音ちゃんがまとめ直したペアノの公理でやることにしようか. ホワイトボードに見やすく書いてくれないかな.

美音はメモを見ながら，手際よく，ホワイトボードに書き写した．

現代の用語を用いると，ペアノの公理は次のように述べられる．

集合 N と，その元 1. および写像 $S : N \to N$ が定まっていて，次のことが満たされる．

(1) $1 \notin S(N)$.

(2) 写像 S は単射．

(3) 部分集合 $A \subset N$ が，1 を含み，「$a \in A$ ならば $S(a) \in A$」を満たせば，$A = N$.

この公理における N は自然数全体の集合，S は「次の自然数」を与える関数に対応しており，(3) は数学的帰納法に対応する．

あんまり親馬鹿なところを見せないでほしいわね．こっちが恥ずかしくなっちゃう．

小森：どうだ，字がきれいだろ．いい先生になれそうかな，K？

Dr.K：そうだな，いい先生になれる雰囲気はあるね．

　でも，字がきれいなのは，もちろんいいことだけど，それより，読みやすく分かりやすいことのほうが大切だ．それと，書きながら，書いてることの説明ができるようにならないといけない．言葉と，書いてる字のバランスというかテンポというか，そういうことも大切なんだ．

美音：済みません，緊張しちゃって．話しながらなんてできませんでした．

　エーッと，それで，これが自然数のあらゆることを定義してるんですか？ ちょっと信じられないんですが．

Dr.K：そうだね，自然数は数の基本だからね．自然数がきちんと分かれば他の数はすべてそれから構成できる．それほど重要なものが，これだけのことから決まるというのは，信じにくいかもしれないね．

お姉ちゃん，ノートは取るんだなあ．ぼくも見習わないと...

美音：そういえば思い出しました．自然数のことを講義で習ったときに，昨日も話に出てきたクロネッカーという人が「整数は神の作ったものだが，他はすべて人が作ったものだ (Die ganzen Zahlen hat der liebe Gott gemacht, alles andere ist Menschenwerk)」ということを言ったそうですよね．

Dr.K：まあ，それは1つの極端な意見だが，数学者は多かれ少なかれ，その気分を共有してると言えるだろうね．

　今日は自然数の話だけで，その先の話はまた別の機会ということにしてもらおうかな．

　じゃあ，いいかな．講義調で始めるよ．

小森：その前に1つだけ訊いていいかな．白板の定義では，0は入ってないみたいだが，0は自然数じゃないのかい？

Dr.K：いい質問だ．で，君はどう思う？

小森：ウーン，そう改まって訊かれると，どっちなのか迷うな．

Dr.K：それでいいんだ．どっちかというのは立場によるんだ．立場によって，0を入れたり，入れなかったりする．

　白板の定義はSという写像，後継者関数とも言うが，これが重要な役割をしてるよね．これは数え上げによって自然数を定義するという立場で，その場合だと，1から始めるのが自然だ．

　しかし，前回，しつこくやったように，集合の元(げん)の数，という意味で自然数を捉えたければ，何もないという状態を表す0がないほうが不自然だ．

小森：なるほど，じゃ，自然数を厳密に定義するのは数え主義がよくって，実際の応用では0があるほうは自然だということか．応用ではものの個数ということが多いだろうし，根本的に違うことなわけか．

Dr.K：いや，それほど違うというわけでもないし，同等でもあるんだが，理論構成上からは，まったく違うものではある．

　有限集合の元の個数ということを基本に据えて自然数を定義することももちろんできるが，そのためには集合についてかなり立ち入った議論が必要になる．それよりも，数え主義的に自然数を定義しておいて，それを使って個数を定義したほうが面倒が少ない…そういう言い方は誤解を生じるかな．そのほうがすっきりした構成になると言ったほうがいいだろうな．

小森：どれくらいすっきりしてるんだって聞くと，話がねじれそうな感じがするな．

Dr.K：ねじれるってことはないが，分かってもらうには，準備がけっこうかかるんで，ウーン，やっぱり面倒くさいかなあ…まあさ，

数学者もさまざまだから，そうでない人もいるよなあ...

わっ，お父さんまた足を引っ張ってる．今日中に終わるかしら．

一通りの話を聞いてもらってからにしよう．多分，それで分かって
もらえるだろうし，それでも君たちに好奇心が残っているというな
ら，そのときに，ということで...

正人：はい，それでいいです．1 が何か，2 が何か，「足す」が何か
ということだけでも早くお願いします．5 や 100 のことはあとでも
いいですから．

Dr.K：ウーン，まさにそこが問題なんだ．

小森：なんだ，そこって？ また先週のぶり返しか！？

Dr.K：そういうことじゃないんだが．

白板の定義を見て，まず気がつくことは何だろうか．

小森：ほとんど何も分からんということだな．そして，これで何も
かもが分かるのかってことかな．1 は出てきてるが，これだけじゃ
何のことか分からんし，俺たちが 1 だって思ってることを表してる
ようには見えんってことかな．

Dr.K：確かにここに 1 が出てきてはいるが，それは 0 でもいいし，
他のどんな数でも構わないと言えなくはない．

つまりね，白板の定義は，自然数を定義するというより，自然数
全体の集合を，集合として，定義するものなんだ．

小森：その集合を自然数の集合と呼ぶんだろ．というか，その元を
自然数と呼ぶんじゃないのか？

Dr.K：そのとおりなんだが，君たちが自然数としてイメージして
いるものをすべて備えているとは言えない．この定義で，そこまで
期待するほうが無理だろうさ．

小森：そりゃ，こっちのセリフだ．じゃあ，一体何なんだ．という
か，何を定義してるって言うんだ．

正人：おじいちゃん，先生の話に，ちゃんと出てきてると思うよ．自
然数を定義したんじゃなく，自然数の集合を定義したんだって．そ
の元である自然数に，自然数らしさを与えることは，また別の作業
なんじゃないのかな．

Dr.K：いやあ，素晴らしい．そのとおりだ．いい感性してるね．

正人：褒めないでください．僕，本当には何も分かってないんです
から．

でも，1 つひとつの数ではなくて，数の全体を先に定義しなけれ

正人があわてる
こと．横道にそれたら，
また 1 日かかっても終わ
らないかもしれないもの
ね．気持ちは分かるわ．

おじいちゃん，文
句を言うのは，ほんとに
うまいなあ．僕の言いた
いこと，みんな言ってく
れたみたい．

ばいけないんだなあって，思ったんです．そうだとすれば，2 から 5 になり，100 になったことにどんな意味があったんだろうって思ってたんです．

Dr.K：ウン，そこだ．

1 + 1 = 2 を理解するのに，1,2,+ の意味を理解して，それが等しいとは？ というふうにするのは，多様な現実の中のどの部分をどう抽象するのがよいのかという価値観の問題までが出てくる．それに引き換え，数え主義的に定義するペアノの公理では，個々の数の意味を考えるより先に，数の全体をとらえるというやり方をするわけだ．

意思決定の仕方に，トップダウンとボトムアップというのがあるよね．それと同じで，どちらがよいとも言えない．全体を大づかみにすることも大切だし，実際的な現場感覚も大切だ．

じゃまず，白板の定義のココロを説明しておこうかな．

S は次の数を与える関数だということはいいかな．どの数にもその次の数が決まっているということだ．(1) の $1 \notin S(N)$ というのは，1 が一番前にあって，何かの数の次の数にはなっていないということを意味している．

(2) の S が単射であるというのは，数学的な記号を使わせてもらえば「$x \neq y \implies S(x) \neq S(y)$」ということだ．違うものは違うものに写されるということだが，分かるかな．

むしろこの対偶である，「$S(x) = S(y) \implies x = y$」のほうが分かりやすいだろう．$S$ という関数で同じところに行くなら，元々同じでないといけないという意味だ．今の場合，その数が次の数になるような元の数，つまり 1 つ前の数というものは 1 つしかないということだ．

小森：そんなことは当り前じゃないか．

Dr.K：それを当り前だと思うのは，君自身が持っている数というものの感覚からして当り前だということであって，今何もないところから自然数を定義しようとするときには当り前でも何でもない．

1 以外の自然数は，次の数が 1 つだけ，前の数が 1 つだけ決まっている．1 には前の数はない．これが，定義の (1) と (2) の意味だ．

小森：それじゃ，その 1 は一体何なんだ．

3.2 1とは何か

Dr.K：白板の定義は S，つまり，次の数，次の数と数えていくというプロセスを抽象化したもので，その意味では，1には一番最初という以上の意味はない．しかも，最初と言うだけなら，実は何から始めても構わない．2からでも，5からでも，100からでも，何なら -158 からでもいい．

　僕の好みから言えば，1からじゃなくて，0から始まるほうがいろいろと便利で，気持ちも落ち着く．何でもいいというのは集合としてだけで，別の性質も考えれば，1か0かのほうが面倒が少ないだろうね．

　自然数にはね，そういう順序数としての性質だけでなく，物の個数を表す濃度とか基数と呼ばれる性質もあることは知ってるよね．混同してはいけないが，当然対応はしている．

　順序数としての定義を続けるのを中止して，濃度としての1を考えてみよう．先週やったような，リンゴが1つとか，みかんが1つ，また豆が1つといったようなときの，1だね．あのとき，けっきょく問題になったのは，どの1も同じだと思うということだった．リンゴだけで考えたとしても，最初に取ったリンゴと，5番目に取ったリンゴは何かしら同じであると考えることができなければ，個数を数えること自体に意味があるのか，という問題を考えてもらったんだ．

　そこまでは多分，君たちも納得してくれてると思うんだけど，いいかな？

　さて，では，ものの個数を表すと考えたときの1とは何だろうか？

美音：やっぱり，ものを数えはじめるとき，最初に1と言うことかしらね．

正人：そんなこと当り前だよ．ウーン，当り前だよね．もしかすると，その当たり前であることが大切なのかもしれないな．

美音：どういうことよ．ものを数えるとき，1と言って始めるのは当り前だわ．2と言って始めてどうするのよ．

正人：2って始めちゃいけないんだろうか？

美音：いけないに決まってるじゃないの．そんなことしたら混乱す

人によって差はあるものの，うなずかざるを得ないという顔が並んでおります．本当に納得なさっているのでしょうか．

るだけよ.

正人：つまり，話をしてる人の間では，違えば混乱するから困るってことだよね．だから，同じならさ，何でもいいってことになる．

　そうか，それがものの名前ってことだったんだ．1 というのはアラビア数字だよね．でも，これまでにいろんな言葉では，いろんな 1 を表す記号があるって教えてもらったよね．だからさ，記号それ自体には意味なんてないんだよ．2 と書いたっていいんだよ．みんなで 1 と同じ役割をするという了解があればさ．

　だからね，反対なんだよ．1 が何かということが問題なんじゃないんだ．どういうものがというか，どういう概念がというか，どういう働きをするものというか．そういうことが問題なんで，それに 1 という名前を付けたってことなんだ．

美音：だから？

正人：だから，...だから，どういう働きをするものかが問題なんだ ...で，何だっけ？ 数えはじめるときには，数えはじめるよって合図のようなものがいるよね．それは同じでないと混乱する．その合図を 1 ということにしただけなんだ．

美音：だから？

正人：だから，その数えはじめの合図ってことだけをじっくりと考えると，1 が何かが分かってくるんじゃないかな．

美音：だから？

正人：だから，だからって，そんなのずるいよ！ お姉ちゃんだって考えたらいいんだ．

美音：あら，ゴメンなさい．本当にね，だからって言ってる間に考えているのよ．だけど何も浮かんでこないの．それより，正人を追い詰めたほうがいい知恵が湧いてくるような感じだったから，ごめんなさいね．

　で，どうなの？

正人：アーア．

小森：美音もその辺にしておきなさい．わしは，感想しか言えんのだがな，これまで聞いてきて，1 というのは存在そのものって感じがしてきている．

　たとえばだが，数を知らない人がいて，飼っている 10 匹の羊を数

えるとする．数は知らないが，棒に 10 本の切れ目というか印のついたものを持っていれば，羊の管理はできるだろう．小屋に出し入れするたびに，棒を持ち，羊 1 頭 1 頭に対して，たとえば「いる」「いる」と言いながら，棒の印を押さえていくというようなことをすればいい．

　この「いる」と言う代わりに，「ある」でも「よし」でも，「あー」でも「うん」でも，意味があってもなくても，どんな言葉でもいいわけだ．大切なのは，存在の確認をするということだな．だから，1 頭目の羊も，5 頭目の羊も，10 頭目の羊も，みんな「いる」でいいわけだ．

正人：そうか，「いる」の代わりに「いーち」と言ったということなんだね．それだから，どこでの 1 も同じ 1 ということになるわけか．

小森：そうだ．そして，この「いる」という言葉も，この場合，「羊」「羊」と数えることもあるだろうし，「済んだ」「済んだ」というように，そのときどきの意味のある言葉でもいいんだが，ま，何でもいいわけだ．しかし，だんだんと，そういう場合に使う言葉は，数える対象（もの）に関係のない，何かある決まったものになっていくだろうし，棒の印を押さえるのは間違えやすいということもあるから，使う言葉を変えていって，1，2，3 などというようにすると便利だということが分かっていくんじゃないのかな．

　そういうことを考えてみれば，1 というのは存在の確認というか，存在が凝り固まった粒のようなものと思うこともできるな．それはどういう存在にも共通な何かしらの…，いわば存在の結晶というような…

　そうだ，思いだしたぞ，パルメニデスは言った，「あるものはある，ないものはない」と．

　エーッと，どうだったかなあ，何でも，「存在することは一者であり，変化は在り得ず，存在は無窮である」，だったかなあ．

Dr.K：当時でも難解と言われたパルメニデスを，ここで引用されても，それで何かの説明になるとは思えないな．

　僕は彼の言葉なら「思惟（しい）することと存在することは同じことである」というもののほうが好きだな．

小森：そうだ，「無からは何も生じない (Nothing comes from noth-

エレアのパルメニデス（紀元前 5 世紀前半）．エレア学派の祖．「パルメニデスとともに本来の哲学がはじまる．イデアの世界への上昇がここに見られる」とヘーゲルが言ったように，彼の「存在」の哲学がプラトンのイデア論に与えた影響は大きい．

わっ，またおじいちゃんが発狂した！ へへへ，面白いんだけど，困るんだよな…

ex nihilo nihil fit（ラテン語：エクス・ニヒロ・ニヒル・フィト）

ing)」というのもあったな.

正人：ごめん，二人で盛り上がってるのは分かるけど，僕たちには何も分からないよお！ねえ，お姉ちゃん.

　元の，1の話に戻してくれませんかあ？

美音：そうね，私，とっても面白いけど！でも，確かに話がずれてってますよね.

Dr.K：存在の在り方を数が表すという側面はあるんだが，そっちを基にすると，百家争鳴で，人それぞれの感覚の違いが露になって，話が落ち着きそうにない.

　だから，順序数での定義，白板のね，で行こうということにしたんだ.

　(3) の意味はあとにして，...

正人：待ってください．(3) をあとにするって言っても，自然数の定義は3つしかなかったんですよ.

　(1) は数えはじめが1だってことだし，(2) は1以外の数には次と前が1つずつしかないというんでしょ．それだけで先に行っても困りませんか？

Dr.K：困るかもしれないね．でも，まあ，元々困ってるんだからね.

正人：でも，...

美音：正人，もういい加減，先生の話し方に慣れてきてるでしょ.

Dr.K：ああ，ゴメン，ちょっとせっかちだったかな．でも，チャッチャとね，というリクエストにあまり応えてないから，少し我慢して．いいかな.

正人：ハイ．でも，質問がはっきりしたら質問してもいいんですよね.

Dr.K：そりゃ，もちろんさ．はっきりした質問の形になってないときに質問されると，こっちも困るが，そっちも...はい．質問があったら質問してください．では行くよ.

　今，1のことを，存在の象徴として考えたけど，数学としては，むしろ存在の等質性のように考えてもらったほうがいい.

　(3) はひとまず措いたものの，これですべての自然数が定まったということなわけだ．少し不安だよね.

正人：はい，少しじゃなく，たくさん不安です．2も3もないのに...でも，決まってるんだから，もうあるんですよね.

Dr.K：そうだね．一言でいえば，2 や 3 はというか，どんな数も個々の数自体を定義することができないってことなんだ．つまりね，個々の数を定義するのではなく，自然数全体を定義しなければいけなかったということだね．

正人：そうすると，2 はどういうことになります？

Dr.K：2 は $S(1)$ のことだよ．

美音：それは，1 の次の数が 2 だということですよね．

Dr.K：そうだよ．

美音：そんなこと当り前じゃないですか．

正人：違うんだ！ そうか，2 は 1 の次の数なんじゃなくて，1 の次の数を 2 って言っただけなんだ．そう呼んだだけなんだ．

　だから，2 の次の数である $S(2)$ を 3 と言うんだ．次々と，それは前のものとは違うものだから，違う名前を付けただけだ．$4 = S(3)$，$5 = S(4)$, $6 = S(5)$, $7 = S(6)$, $8 = S(7)$, $9 = S(8)$ と，これは名前を付けただけなんだ．$S(9)$ も違う名前，というか違う字を使えば使えるわけだけど，いつまでも違う字を作り続けるわけにはいかないから，工夫して $S(9)$ に 10 という記号を使うことにしたんだ．なるほどなあ．

美音：それはそうかもしれないわね．それでも，2 は特別な感じがするわよね．

　2 って何かしらね．

Dr.K：順序数で考えるのは後回しにして，もう一度，基数のほうで考えてみようか．

　まず 1 だ．数えはじめるときに 1 と言いはじめるんだったね．1 個しかないもののとき，1 と言いはじめたら，もうそれで終わりだ．だから，1 であるものは，それを取り去ったら，無になってしまう．そういうものだということだね．1 はよく分かってるということにしてもいいだろう．

　では，2 はどうだろうか．数えはじめたときに，1 と言うが，言い終わったときにまだ残りがあるので，そのときに 2 と言うわけだ．で，2 と言ってしまったら，それで終わりなわけだ．しかし，数え方は一通りではない．2 だからいいけど，5 だったら，100 だったら，というのが最初の日にやったことだね．だから，見方を変えて，2

個あるという状態から，1個を取り去るんだ．1個は分かったものだから，どう取ったにしろ，1個を取るということはちゃんとしてるね．で，取った後の状態を見てやれば，それは1である．そういうとき，元の状態は2であるということになる．

小森：なるほど，それが2個あるということか．同じようにして3個ある状態が決まり，4個ある状態が決まり，5個ある状態が決まるわけだな...つまり，...こういうのを何と言うんだったかな．

美音：帰納法？

小森：そうだ，帰納的に数が決まっていくというわけだ．

正人：アレッ．それって，1から順に*S*で移った先に名前を付けていくのと同じことなんじゃないかな．

小森：ウーン，まだ，名前を付けることと，そういう数があることとの関係がしっくりと来ないが，そういうことのようだな．

Dr.K：1つというのは特別だ．どんなものであれ，1つあるとそれに名前がつく．それが名詞に単数があるということだね．1は数としてよりむしろ，「存在」そのものを表わしているというほうが分かりやすいかもしれない．2以降があって初めて，1を数と認識するのだと言ってもいい．

　2は次に複雑で，だが，1を取れば1になるのだから，まだ分かりやすい．3以上だと，考えはじめると分からなくなることがあっても仕方がない．

　と，いうように，1，2，3（たくさん）という文化的段階があったとしても不思議はない．それは始原的な形態とも言える．また，2が特別だということにも関係して，2つを表す名詞の形が残っている言語もある．双数と言うんだ．例えば，眼・耳・腕・足など対になってるのが当り前という名詞には2つのときだけの形がある．そういう言語もあるんだ．アラビア語やスラブ系の言語にある．3つ以上のときに複数と言うわけだね．3つの目なんて言葉，ちょっと不気味だけど．

美音：そっちの話のほうも面白そうですが，1＋1＝2の話はどうなるんですか？　さっきお母さんとお茶を持ってきたとき，お食事までに終わるのかしらねと話してたの．あら，お母さんだ．

　いつの間にか席を外していた小森夫人が顔を覗かせた．**Dr.K**は

実際に比較的近世のヨーロッパにもそういう地域があったようですが，そういうような歴史的考察はここでは触れないことにしたいと存じます．

まったく！　呼ぶより誹れだなあ．

あわてた様子になる.

Dr.K：ああ奥さん，済みません．もう終わりですから．

正人：エッ，僕にはとても終わりそうに思えないけど... 自然数が何かという話しもまだ済んでないのに，$1+1=2$ の話はまだまだ先だと思ってた．

Dr.K：$1+1=2$ だけなら，君が言ってくれたことでもう済んでるようなものなんだ．

正人：エッ？？？

Dr.K：$+1$ という N から N への写像，まあ，自然数の上の自然数に値を持つ関数と言ってもいいんだが，それを，

$$+1 : N \longrightarrow N, \qquad +1(n) = S(n), \quad n \in N$$

と定義するんだ．普段使っている記号に合わせると，$+1(n)$ を $n+1$ と書く，とすればいい．

さっき君が言ってたように，$S(1)$ に 2 と名前を付けたのだから，

$$1+1 = +1(1) = S(1) = 2$$

ということになる.

正人：エッ？ $1+1=2$ というのは，全部が，名前を決めたときに当り前になってたってことですか！ ウーン，これで分かれって言われても，分かった気持ちにはならないな，僕．

小森：そうだな．ごまかされた感じしかしないな．

正人：おじいちゃん，僕は何もそんなことを言ってるつもりはないんだよ．ごまかすだけなら，もっと早くに，僕らが気がつかないようにごまかすことも，先生ならできたと思うんだ．何なぜいま，手品の種を明かすように，先生がそう言うのかが分からない，と言ってるだけなんだよ．でも，うーん，分からないなあ．

美音：男どもは学ばないなあ．先生はまだ，話が御仕舞いだって言ってないでしょ．まだ，隠してることがあるのよ，きっと．あ，済みません，先生！

Dr.K：別に何も隠してなんかいないが，問題なのは，示されたのが $1+1=2$ だけだってことだ．

正人：そんなことないでしょ．$2+1=3$ も $3+1=4$ も $4+1=5$

も，ずーっと示せてますよね．

Dr.K：そうだよ．$9 + 1 = 10$ までは示されてるね．でも，それは示されているというより，...

正人：そうだった，そうだった．名前を付けただけだったんだ．この先のこともあるし，他のことは何も示されていないや．

美音：他のって何よ．もしかして 100 がまだだとか，10000 がまだだとか言うわけ？

正人：だって，そうだろ，やっと 10 まで数に名前が付いただけなんだぜ．100 って何なのさ？ お気楽に「ひゃく」って言ってるけど，日本語で「ひゃく」というものが 100 なのかどうか...というより，やっぱりさ，100 が定義されてないよ．定義されてないものと等しいかどうかなんて，議論もできないことさ．

それにさ，考えてみると，$1 + 2 = 3$ だってまだ示せてないよ．だって，示してないんだからさ，示してないものがひとりでに示せてるってことにはならないんじゃないかなあ．

Dr.K：それはそのとおりだ．だが，あまり厳密にやると大変だから，そうだね，数学的にやるときの順序とは違うが，先にすべての自然数に名前を付けることにしようか．もちろんすべての自然数に名前を付けてからでないと何もできないわけじゃないし，本当に付け終わることはできはしない．

じゃあどうするかっていうと，数学的帰納法を使うんだ．

美音：数学的帰納法ですかあ？ わたし，それ苦手なんです．

Dr.K：そうなのかい．でもね，苦手でも何でも仕方がないんだよ．というか，ある意味，苦手なのも当り前でね．なぜかと言えば，これが有限と無限をつないでいるからだ．しかも，これだけが有限と無限をつなぐものだからね．だから，とても大切なんだよ．

さて，数字は $0, 1, 2, 3, 4, 5, 6, 7, 8, 9$ の 10 個を使う．これを有限個並べたもので自然数を表す．だから，一般に $a_n a_{n-1} \cdots a_2 a_1 a_0$ という形で書かれたものが自然数を表しているとする．それがどんな自然数を表すかと言えば，...

美音：はい，それ分かります．

$$a_n a_{n-1} \cdots a_2 a_1 a_0 = 10^n a_n + 10^{n-1} a_{n-1} + \cdots + 100 a_2 + 10 a_1 + a_0$$

われながら，なんと厳密な話をしていることか...うーん，でも，批判はできてもなあ...

例えば

$a_i = i \ (0 \leq i \leq 9)$
ならば，
9876543210

なのですが，それが何を意味しているかは...

ですよね．習ったばかりです．

Dr.K：そういうわけにはいかないよ．まだ足し算が一般に定義されてないし，ましてや掛け算もまだだから，この式自体の意味が定まっていないし，式が成り立つかどうか，ということを考える以前の状況だね．

しかし，この式があれば，上の計算の法則から，実際に計算の規則はすべて出てくる．それくらい重要だから，とりあえず (*) 式という名前を付けておこう．

小森：だったら，さっき何と言うつもりだったんだ．

Dr.K：何も言えないって言うつもりだったんだよ．そこで，だったら，どうするんだというように話を進めるつもりだったんだ．済まなかった．

小森：だったら，どうするんだ？

3.3　10進表示の次の数

Dr.K：だから，数学的帰納法なんだ．じゃ，いいかな．数字なら混同はしないだろうが，記号で書くと，$a_n a_{n-1} \cdots a_2 a_1 a_0$ と $a_n \times a_{n-1} \times \cdots \times a_2 \times a_1 \times a_0$ とを混同するといけない．そこで記数法を使った話をするときには，括弧でもつけて，$[a_n a_{n-1} \cdots a_2 a_1 a_0]_{10}$ とか，または単に $[a_n a_{n-1} \cdots a_2 a_1 a_0]$ と書くことにしておく．

$n = 0$ のときが a_0 で，1つの数字だけの数で，まあ，マー君が言ったように，ここまでは順に新しい名前を付けていったものだ．$a \in N$ に名前が付いていれば $S(a)$ にも名前が付いていればいいわけだ．そこで，$a = [a_n a_{n-1} \cdots a_2 a_1 a_0]$ と書かれていたとする．

そこで，$k = \min\{i \mid a_i \neq 9\}$ とおく．全部9だったら，$k = n+1$ とする．そのとき $S(a)$ を，

$$
S(a)_i = \begin{cases} 0 & i < k \\ a_k + 1 & i = k \\ a_i & i > k \end{cases}
$$

とする．$a_k \neq 9$ だから，$a_k + 1 = S(a_k)$ はちゃんと決まっている．もう1つ問題なのは n より上の桁だけど，最初から $a =$

$[0 a_n a_{n-1} \cdots a_2 a_1 a_0]$ だと思っておけばいいだろう. 少しやってみる?

正人: はい. $a_0 \neq 9$ なら, $S([13]) = [14]$, $S([305]) = [306]$ みたいに, 1 の位だけが変わる. $a_0 = 9$ なら,

$$S([49]) = [50], \ S([409]) = [410], \ S([2999]) = [3000],$$
$$S([9999]) = S([09999]) = [10000]$$

ですね. なーんか, 当り前. でも, これですべての数に名前が付いたということになるんですか?

Dr.K: 名前というのは多義だから, 誤解を生むかもしれないね. だけど, 10 進表記ができたということならいいんじゃないかな. 読み方のほうは前にやったように, かなり大きな数まで決まってはいるが, 永遠にできるわけではない. しかし, 書くことだけならいつまででもできるわけだ. すべての数を書き切ることはできないが, 好きなだけ書くことができる. そういうことだね.

白板の条件 (3) をどう使うのかもやっておこう. $A = \{a \in N \mid a$ は 10 進表記できる $\}$ とおく. $1 \in A$ と $a \in A$ なら $S(a) \in A$ が言えているから, (3) によって $A = N$ となる. だから, すべての $a \in N$ は 10 進表記できるということになる.

小森: なんか, 文句のつけようはないが, 分かった気にはならないな.

Dr.K: 慣れたら, 多分, 何でもなくなると思うけど... そうだ, ついでに, 足し算の定義もしておこう.

正人: えっ, さっきしませんでした? ああ, そうだった. +1 しか定義してないんですよね. ということは, どんな数 n に対しても, $+n$ を定義するんですね. どうやってやるのかなあ. また, 数学的帰納法ですかあ?

美音: そりゃそうよね, 任意の $n \in N$ に対して $+n : N \longrightarrow N$ を定義するということは, 無限個の n に対して行うということで, 有限と無限をつなぐのは数学的帰納法しかないんですもんね.

Dr.K: さすがに, 数学の記号には君が一番慣れているようだね. じゃあ, やってみるかい.

美音: 定義を? 私が? 済みません, 数学が分かっているんじゃなくて, 話の流れでそうかなって思っただけなんです. 許してくだ

厳密にやろうとすればまだまだ面倒だから, この辺で納得してくれるとありがたいんだけど, どうなるかな?

任意有限は無限と同じという思想なんだな. ふーむ, そういう解釈でいいかどうか? ふーむ.

さい.

Dr.K：講義なら許せないところだが，時間もないし，いいことにするか.

　時間の節約のため，最初から $A = \{a \in N \mid +a : N \longrightarrow N$ が定義される $\}$ とするか. で，さっきやったことから，$1 \in A$ だね. $n + 1 = +1(n) = S(n)$ としたわけだ. そこで $a \in A$ と仮定して，$S(a) \in A$ を示せばいいんだが，

$$n + S(a) = +S(a)(n) = S(n + a)$$

と定義すればよい. 仮定により $n + a$ は定義されているから，これで定義されたわけだ.

小森：なるほど，あとは (3) から $A = N$ が言えるってわけだ. だが，やはり分かったような気がせんな.

Dr.K：それはある意味，当然なことだ. 数というのは，何と言っても，計算ができないといけないが，計算に必要な法則がほとんど示されていないからな.

小森：そりゃそうか，$1 + 2 = 3$ もまだ証明されてないわけだしな.

Dr.K：あ，それだけなら定義みたいなもんだけど.

小森：またそれかあ！

正人：そうだと聞けば，僕にもできそうだ. やらせて！うーんと，

$$1 + 2 = 1 + S(1) = S(1 + 1) = S(2) = 3$$

だ. それに $3 = 2 + 1$ だから，交換法則も言えてる.

小森：なるほど，確かに定義みたいなもんだな. だけど，やっぱり...

Dr.K：だから，計算の規則がさ，

小森：規則っていったい何なんだ.

Dr.K：まとめて言うと，自然数の全体は加法と乗法に関して，短縮法則を持つ可換半群であり，乗法に関しては単位元を持っている. そういう代数構造を持っているということだ. いまは 0 を入れていないが，入れれば加法についても単位元があることになる. あとで使うかもしれないので，表の形にまとめておこう.

　　正人も強引ねえ. でも，それだけ自信と力がついてきたってことかしら. 私より，成長が速いわねえ.

　　単位元を持つ半群をモノイドと言いますが，代数系のおさらいはまた別のお話ということで.

加法と乗法は 2 元算法

$$+ : \mathbb{N} \times \mathbb{N} \longrightarrow \mathbb{N}, (m, n) \mapsto m+n, \quad \times : \mathbb{N} \times \mathbb{N} \longrightarrow \mathbb{N}, (m, n) \mapsto m \times n$$

であって,

[1] 加法の結合法則 $\quad (a + b) + c = a + (b + c) \quad (a, b, c \in \mathbb{N})$

[2] 加法の交換法則 $\quad a + b = b + a \quad (a, b \in \mathbb{N})$

[3] 加法の短縮法則 $\quad a + n = b + n \Rightarrow a = b \quad (a, b, n \in \mathbb{N})$

[4] 乗法の結合法則 $\quad (a \times b) \times c = a \times (b \times c) \quad (a, b, c \in \mathbb{N})$

[5] 乗法の交換法則 $\quad a \times b = b \times a \quad (a, b \in \mathbb{N})$

[6] 乗法の単位元の存在 $\quad a \times 1 = 1 \times a = a \quad (a \in \mathbb{N})$

[7] 乗法の短縮法則 $\quad a \times n = b \times n \Rightarrow a = b \quad (a, b, n \in \mathbb{N})$

を満たす. さらに, $0 \in \mathbb{N}$ であれば,

[8] 0 は加法の単位元 $\quad a + 0 = 0 + a = a \quad (a \in \mathbb{N})$

であり,

[9] 分配法則 $\quad (a+b)c = ac + bc, \; a(b+c) = ac + bc \quad (a, b, c \in \mathbb{N})$

を満たす.

Dr.K:こんなもんかな. 普通, 文字を使うときは乗法で × は使わず, · を使うか, 何も書かないことにするという規約がある.

あとは, そう, 短縮法則というのは, 引き算や割り算が, できるときはできるということを表している.

小森:できるときはって? ああ, そうか, いつでも引いたり割ったりはできんからということか.

美音:それができるようにするために, 負の数や有理数を考えるってことですよね. この間習ったばっかり. フフフ, 早めに断っておかないと, 色々訊かれると困るから...

エーッと, これが全部証明できるってことですよね. 大変だわ!

Dr.K:でも, やらないとね. 少なくとも, やれるってことだけは納得しておかないとまずいだろう.

小森:まあ, そうだ. 加法の交換法則というのは当たり前な感じが

[1] と [2] が成り立つとき加法に関して可換半群であると言い, また [4] と [5] が成り立つとき乗法に関して可換半群であると言います. 単位元があるかないかですね.

あーあ, 言わなきゃよかった. 汗かいちゃったわ.

するが，難しいのか？

Dr.K：a, b が小さければ簡単だけど，一般に示すとなるとちょっと骨かな．先に結合法則を示しておいたほうが楽なんだ．

小森：そうか，何だか，そっちのほうが難しそうに見えるが，素人のせいか．まあ，やってくれ．

Dr.K：じゃ，結合法則を示すよ．c に関する帰納法で示す．

$A = \{c \in N \mid$ どんな $a, b \in N$ に対しても $(a+b)+c = a+(b+c)$ が成り立つ $\}$ とおく．まず，$1 \in A$ を示す．

$$a + (b+1) = a + S(b) = S(a+b) = (a+b) + 1$$

と，これはまあ，定義みたいなもんだ．さて，$c \in A$ と仮定して $S(c) \in A$ を示せばいいから，

$$(a+b)+S(c) = S((a+b)+c) = S(a+(b+c)) = a+S(b+c) = a+(b+S(c))$$

となる．これも定義みたいなもんだな．こうして，$A = N$ となって，結合法則の証明が終わる．

交換法則も，$B = \{b \in N \mid$ どんな $a \in N$ に対しても $a+b = b+a$ が成り立つ $\}$ とおく．まず，$1 \in B$ を示す．これはどんな $a \in N$ に対しても $a+1 = 1+a$ が成り立つということだが，これも帰納法で示そう．

$C = \{a \in N \mid a+1 = 1+a$ が成り立つ $\}$ とおく．$1 \in C$ は明らか．$a \in C$ と仮定すると，

$$S(a) + 1 = S(S(a)) = S(a+1) = S(1+a) = 1 + S(a)$$

となって，$S(a) \in C$ となり，$C = N$ となって，$1 \in B$ が分かる．

次は，$b \in B$ と仮定して $S(b) \in B$，つまり，$a + S(b) = S(b) + a$ を示すんだが，$a = 1$ のときは，$1 + S(b) = S(b) + 1$ は $1 \in B$ であることから成り立つ．だから，$a \neq 1$ としてよい．すると，$a' \in N$ があって $a = S(a') = a' + 1$ となる．

$$\begin{aligned}
a + S(b) &= S(a+b) = S(b+a) = S(b+(a'+1)) \\
&= S(b+(1+a')) = S((b+1)+a') \\
&= (b+1) + S(a') = S(b) + a
\end{aligned}$$

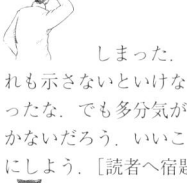

示そう，ということじゃなくて，示すしかないということのようだけど，...本当に帰納法，大活躍だなあ！

しまった．これも示さないといけなかったな．でも多分気がつかないだろう．いいことにしよう．[読者へ宿題]

「$a \neq 1$ であれば，$a' \in N$ があって $a = S(a') = a' + 1$ となる」ことが宿題でございます．K さんはいい加減で困りますね．

となって，$S(b) \in B$ となり，$B = N$ が分かって，交換法則の証明が終わる．

小森：なるほど，これは見事なものだ．定義と，それまでに証明したことと，帰納法の仮定だけを使って示したというわけだ．

でも，これを，まだ [3] から [9] まで示すのかい．そりゃ，大変だなあ．

Dr.K：慣れればそれ程のことはないさ．もちろん，今みたいな厳密な議論をしていくのであればかなり面倒くさいけど，そのうち押さえるべきポイントが分かってくるから...

美音：それは，コツみたいなものがあるからなんですね．

Dr.K：手品じゃないから，一瞬にというわけにはいかないが．そうだな，帰納法の第 1 段階は定義そのものだったり，また別の議論で示さなければいけないということがある．そういうときはまた，さっきやったように，帰納法を使うこともあって，そういうことを 2 重帰納法と言ったりする．

ああ，そうだ，あれも定義くらいはしておかなくっちゃな．

正人：それ，掛け算の定義のことですよね．僕にやらせてください．えーっと...ヒントもらえませんか？

美音：正人ったら！

Dr.K：いいさ．定義も帰納法でするというのはいいね．そこで，第 1 段は自然にというか，当り前にするってことかな．

正人：当り前にするっていう，当り前のヒントかあ．じゃ，まず

$$n \times 1 = n$$

だね．へヘッ，当り前だね．だからこれでいいわけか．当り前にしろって言われないと，こんなふうにするのは不安だけど...これでいいんだな．で，$n \times a$ が定義されているとして，

$$n \times S(a) = n \times a + n$$

と定義します．アッ，これだと，

$$n \times (a+1) = n \times S(a) = n \times a + n = n \times a + n \times 1$$

となるから，分配法則 [9] の第 1 段階（$c = 1$ の場合）は，この定義

もう，正人ったら！当り前のヒントだなんて！

そのものなんですね.

Dr.K：じゃ，ついでだから [9] の証明もしてみるかい.

正人：はい．集合の記号はよく分からないけど，[1] の証明のときと同じようにしてっと,

$$A = \{c \in N \mid どんな a, b \in N に対しても a(b+c) = ab+ac が成り立つ\}$$

とおきますね．で，$1 \in A$ は分かってるから，$c \in A$ と仮定して,

$$a(b + S(c)) = a(b + (c + 1)) = a(b + (1 + c)) = a((b + 1) + c)$$
$$= a(b + 1) + ac = (ab + a) + ac = ab + (a + ac)$$
$$= ab + a(1 + c) = ab + aS(c)$$

できた！だから $S(c) \in A$ となって，$A = N$ となるから，証明終わりりり！

Dr.K：よくできたね．それに，できた！というところでやめないで，最後まで言い切ったところがいい.

美音：でも，最後のところでは $1 + c = c + 1 = S(c)$ としたほうがよくない？ それと最後から 2 つ目の等式のところでは，その前に $a + ac$ を $a \times 1 + a \times c$ と言い換えておいたほうがいいわね.

正人：そりゃあそうだけどさ．それくらい負けといてくれてもいいじゃないか．ねえ，先生.

Dr.K：その辺は程度問題だね．厳密にやりすぎると，疲れちゃうしね．適当になら省略してもいいだろう．必要ならば，いつでも厳密に間を補えるというのであればだけど．でも，飛ばしすぎて，間違うということもあるから気をつけないといけないけどね.

美音：そうでしょ！

小森夫人：まあまあ，美音．でもまあ，みんな数学でこんなに盛り上がれるなんて，驚いたわ.

Dr.K：あ，そういえば，すぐに終わると言ってから，けっこうたってしまいましたね．これは失礼を...

小森夫人：子供たちがお勉強でこんなに生き生きしてるのって，見るのは初めてのことで，それでね，嬉しくって，見学させてもらってましたの．だからよろしいんですが，でもそろそろ，お昼の支度をさせていただきたいので，失礼してよろしいかしら.

Dr.K：はい，本当にもう少しですから．あと，問題が残ったら，宿題ということにしてもらいますので．

小森：しかし，昼までには終わりそうにないな．今はすぐに，簡単なつまむものを持ってきてくれ．そのあと，昼夜を兼ねたような食事にして，あまり遅くならないうちに帰ってもらえるようにしたらどうだ．

小森夫人：そうですね．それくらいがよいかもしれませんわね．それでも遅くなってしまうなら，今夜もお泊りになっても構いませんしね．

Dr.K：そんな，2日続けてなんてご迷惑で，それに明日は大学に行かないといけませんから…

小森夫人：そんなこと，こちらのほうでお願いしてるんですもの．明日こちらからお出かけになることもできますわよね．先ほど，奥さまにお電話して，もう一晩泊まっていただくことになってもよろしいか，お訊きしましたの．そうしたら，用心のために着替えは2日分荷物に入ってるっておっしゃってました．

Dr.K：え？　そんなこと…

正人：先生，自分の持ってきた荷物に何が入ってるか知らないの？

小森：なるほど，学者先生は浮世離れしてる．

Dr.K：どうも，こちらに伺う前から，奥さんと家のと間で話が付いていたようですね．抵抗しても無駄なようなら，じっくりやることにしますか．

小森：いや，今日のは馬鹿に数学っぽい堅い話で，俺はもう疲れ気味だが，正人は張り切ってしまっているしな．

　その辺りうまくさ，適当に終末処理をしてくれて，おしまいにしよう．

正人：先生，適当になんかしなくてもいいです．今日はタッチャンも来ないから，しっかり勉強するつもりでいるんですから．

　　それじゃすぐに，と言って，夫人は部屋を出て行った．

正人ったら，張り切りすぎだわね．ネジが切れてしまわないといいけど．

3.4 これが自然数で，計算できるの？

Dr.K：さて，仕切り直しだ．じゃ，そっちから質問をしてもらうことにしようかな．こっちの気の済むように話すことになると，夜までいても終わらないかもしれない．

正人：じゃ，僕からね．数の法則というのは分かったというか，分かったことにしてもいいというか，どれも当り前だし，厳密に示せることのようだからいいんですが，この法則だけで実際の計算ができるような気がしないんですが．

Dr.K：そうだね，理論よりもまずそっちのほうが気になるのが，自然かもしれないね．あらためて考えたことないけど，やってみようか．

小森：考えたことがないっていうのは，考えればすぐに分かるはずだってことなのか．

Dr.K：ハハハ，追究するね．考えたことがないから，すぐに分かるかどうかも分からないよ．

　じゃ，いいかな．計算をするということになれば，数が 10 進表示されているということでいいかな．それはよいとしても，10 進表示された数同士を足したり掛けたりした結果の数がどう 10 進表示されるかということについては，このままでは何も分からないかもしれない．それをきちんと示すとなると，けっこう面倒そうだな．

正人：先生が，けっこう面倒と言うときは，とてもメンドクサイってことだろうなあ．

Dr.K：見透かされちゃってるね．

　じゃ，手順を考えてみよう．まず加法の九九の表を作る．あーあ，やっぱり，0 がないと不便で仕方がないな．

正人：じゃ，0 を定義したらいいじゃないですか．何か，まずいことがあるんですか？

Dr.K：まずいなんてことはないんだが，ただ話の順序がね．まだ，自然数全体の集合のこともきちんと確認されていないのに，その状態で 0 を追加したりすると，分かりにくくなったりしないかなあ．

正人：もう十分，分かりにくいし，…ハハハ，冗談ですよ，もちろん．ごめん，おじいちゃん怒らないで．

あ，そっちのほうへ行くの？ じゃ，残りの計算の規則の証明は，宿題になったってことね．食事の後で，正人と頑張ってみるしかないわね．二人でやればできるわよね，きっと．

本当にやったことがなさそうだ．飯までにできるのかな？
　ちょっと心配だが，K はプロなんだから，できなくても適当にごまかすだろう．ごまかされない用心をしておくか．

3.4 これが自然数で，計算できるの？ 183

ここは頷いて
おくしかないわねえ．

0くらい入っても，大丈夫だと思います．ね，お姉ちゃん．

Dr.K：じゃ，N に新しい元 0 を追加した集合 $N \cup \{0\}$ を改めて N として，自然数の全体だと思うことにする．後継者関数 S を，$S(0) = 1$ として拡張すると，この S も単射である．いいかな？

集合として定義しただけだと何の御利益もないけど，加法を定義するととても役に立つ．といっても，

$$\text{どんな } n \text{ に対しても} \quad n + 0 = n$$

とするだけだけどね，すると，

$$n + 1 = n + S(0) = S(n + 0) = S(n)$$

最初から，0 を
1 の代わりにして自然数
を定義しておけばよかった
んだが，美音ちゃんが調
べたものを尊重しようと
したのが面倒のモトだっ
たなあ．

となるから，辻褄は合う．

正人：つじつまが合うかどうかという問題じゃなくて，多分，そうしないと，計算の法則が壊れちゃうんじゃないのかな．

Dr.K：鋭いね．0 を加えた N でも計算の法則が成り立つとすれば，そうでなければいけないということなんだ．

証明しとくかな．$n + 0 = n'$ とするよね．すると，

$$S(n) = n + 1 = n + S(0) = S(n + 0) = S(n')$$

何の証明？　あ，
あ，$n+0 = n$ としなきゃ
いけないことの証明？
　ふーん，気にすると
ころが私たちとは違うわ
ねえ．

となり，S が単射だから，$n = n'$ となる．というわけだ．

美音：なるほど，単射はそうやって使うんですか．

小森：なるほど，省略しても，やろうと思えば，いつでも好きなだけ厳密に間を補うことができるってことか．敵わんな．

で，どうなる？

Dr.K：10 進法での計算をしたければ，まず加法の九九の表を頑張って示す．$9 + 9 = 18$ なんて示すのは，それだけをやろうとするとけっこう大変だ．上からと左からの 2 列分は定義みたいなもんだからいいが，一番易しい次の段だって，直接示すとなれば，

$$2 + 2 = 2 + S(1) = S(2 + 1) = S(3) = 4,$$
$$3 + 2 = 3 + S(1) = S(3 + 1) = S(4) = 5, \dots$$

+	0	1	2	3	4	5	6	7	8	9
0	0	1	2	3	4	5	6	7	8	9
1	1	2	3	4	5	6	7	8	9	10
2	2	3	4	5	6	7	8	9	10	11
3	3	4	5	6	7	8	9	10	11	12
4	4	5	6	7	8	9	10	11	12	13
5	5	6	7	8	9	10	11	12	13	14
6	6	7	8	9	10	11	12	13	14	15
7	7	8	9	10	11	12	13	14	15	16
8	8	9	10	11	12	13	14	15	16	17
9	9	10	11	12	13	14	15	16	17	18

足し算の九九なんて，頑張らないと示せないことなのか？ うーん，面倒なことだなあ．深いんだかなんだかなあ．

次の行に移ることは，+1 することで，定義と計算の規則を使うと，1 つずらせばいいということになるんだな．

のように，実際に S を 2 回施すってことをやらないといけない．でもまあ，段を 1 つ下がるということは，+1 するということだから，前の行を 1 つ前にずらすということをやればよくって，最後の列の分だけ新しいわけだが，それも 1 つ前のものの次の数だから，表自体を脇目も振らずに作っていくということであれば，上から順に書いていけばいいということはなる．

あとは，美音ちゃんが書いてくれたように，10 進表示が

(∗)
$$[a_n a_{n-1} \cdots a_2 a_1 a_0] = 10^n a_n + 10^{n-1} a_{n-1} + \cdots + 100 a_2 + 10 a_1 + a_0$$

となってることだけ納得すればおしまいだ．

正人：でも，この式自体，掛け算が分かってないといけないんじゃないかな．それに，できたとしても，足し算しか分からないような気が...

小森：いや待ってくれ．ごまかされてる感じがする．ウーン，どこ

だ？ そうだ！ 納得すればという言葉に引っ掛かったんだ．プロなら納得はしないだろうが，素人なら納得してくれるだろうという驕り高ぶった雰囲気がしたぞ！ どこだか分らんが，やっぱりごまかしてるだろう！

Dr.K：困ったねえ，確かに省略はしてるが，ごまかしてなんか…

小森：そういうのをごまかしてるっていうんだ．

Dr.K：そりゃあそのとおりなんだが，勘弁してもらえないのかねえ．

正人：確かにね，簡単に納得してはいけないことみたい…

Dr.K：仕方がないな．長くなるけど辛抱してくれよ．

おじいちゃん，すごい強気だなあ．どうしたんだろう．疲れてるのかな？

私は納得してしまいたいとこなんだけど．あーあ，男どもに付き合うか．

　静かに夫人が入ってきて，手早くサンドイッチとコーヒーを並べて，すぐに黙って部屋を出て行った．

Dr.K：ちょうどいいときに，お茶になったね．気分転換というか，気持ちを落ち着けて，しばらくはしっかり聞いてくれよ．

　いいかい．10進表示で足し算をするのがどういうことかと言えば，まず同じ桁の数同士を足し，下のほうから，繰り上がり，つまり和が10以上になるかどうかを調べ，繰り上がりがあれば，1つ上の桁ではさらに1を足して，ということを繰り返していくことになるね．

さあ，はじまるぞ！

正人：それって，足し算の筆算でやってること，そのもののような気がしますが．

Dr.K：もちろんそうだよ．筆算で実際にやってることを証明しようとしてるんだけど…

小森：えっ，そんなことしようとしてたのか？ そんなことは当たり前のことじゃ…ああ，ないんだな．しかし，それがそんなに難しいことなら，どうして小学生のころからやってられるんだ？

Dr.K：小さい数でよければ，難しくはない．まず，1桁同士なら，九九の表そのものだから，少し頑張れば何とかなる．

頑張ればって？ ああ，そうね，小学生がってことなのね．

　2桁の場合でさえ，既にもう面倒にはなっているが，さっき書いた九九の表を右と下に1つずつ増やしてやれば，$[10] + [10] = [20]$ を認めてもらえるだろう．だけど，次の $[20] + [10] = [30]$ だってけっこう面倒だよ．

$$[20] + [10] = [20] + S(9) = S([20] + 9) = S([29]) = [30],$$

$$[30] + [10] = [30] + S(9) = S([30] + 9) = S([39]) = [40]$$

などとなる．1つ1つ示すとなると大変だが，1の位が0である2桁の数の足し算は，そういう足し算の九九の表を，1桁のときと同じように，順に作っていくなら，手間はかかるが難しいことはない．つまり，小学生は計算の練習をたくさんすることによって，自然にこの種の計算の規則が身につくことを考えて，算数の教科書はできているんだ．

小森：なるほど，小学校で時間をかけて計算の練習をするのにはそういう意味があったのか．

　しかし，どうして直接10の位の数を足したらいかんのか，納得できんな．

Dr.K：それはね，10の位の「数」と思うから分からなくなるんだ．10の位以上の桁に現れるのは，数ではなくて数字なんだ．単に数を表記するために使った文字なんだ．だから足すということが定義されていない．どうして1桁ならいいかというと，その時は，数字と数とを同一視していたからなんだ．

小森：そんな同一視の話は聞いてないぞ！

Dr.K：そりゃ，いちいち言うのは面倒なだけだから，言わなかったんだ．つまり，$0 \leq c \leq 9$のとき，$[c]_{10} = c$という同一視をしてたんだよ．

正人：数そのものと，数を表す数字と，その数の読み方としての文字と，音声とはすべて違うけれど，同じだと思ってるということですね．

小森：ああ，なるほど．そういうことを俺たちが自分で分かるようになるために，ものの名前とはどういうものかという話を延々とやっていたわけか．なるほどな．．

Dr.K：いいかな．そこで一般に，...

$$[a_n a_{n-1} \ldots a_1 0]_{10} + 10$$

$$= [a_n a_{n-1} \ldots a_1 0]_{10} + S(9)$$

$$= S([a_n a_{n-1} \ldots a_1 0]_{10} + 9) = S([a_n a_{n-1} \ldots a_1 9]_{10})$$

できているはずだよな．

それだけじゃなさそうだけど...

例えば
$$[320] + [10] = [330]$$
$$[390] + [10] = [400]$$
なのでございますが．

となることを示してやれば

正人：ちょっと待ってください．さっきから，

$$[20] + 9 = [29], \quad [130] + 9 = [139], \quad [3000] + 9 = [3009],$$

$$[a_n a_{n-1} \ldots a_1 0]_{10} + 9 = [a_n a_{n-1} \ldots a_1 9]_{10}$$

などとしてますが，それはいいんですか？

本当は，定義した
あとで (0) 式を示す必要
があるんだろうなあ？

Dr.K：それはそうだけど，その部分はむしろ問題が少ないんだ．一般に，$+a$ の定義そのものから，

$$(0) \qquad\qquad n + a = S^a(n)$$

が言える．ただ，そのためには S^a を定義する必要があるが，それも $S^1(n) = S(n)$ と，$S^{S(a)}(n) = S(S^a(n))$ とすれば定義できる．そして，$S([a_n a_{n-1} \ldots a_1 a_0])$ の定義を思い出せば，$0 \leq c \leq 9$ のときは，

これも例えば
$[320] + 5 = [325]$
$[4500] + 5 = [4505]$
などでございます．

$$(1) \qquad [a_n a_{n-1} \ldots a_1 0]_{10} + c = [a_n a_{n-1} \ldots a_1 c]_{10}$$

であることが分かる．

小森：いや，参った．確かに，大変だな．でも，さっきの最後の式はなぜ $S([a_n a_{n-1} \ldots a_1 9]_{10})$ で止めるんだ？ $[a_n a_{n-1} \ldots (a_1 + 1) 0]_{10}$ としたらいかんのか？

正人：おじいちゃん，$a_1 = 9$ だったらまた繰り上がるでしょ．それに，繰り上がりがいくつ起こるか分からないし，それも考えてある S の表示というのを使わないといけないんだと思うよ．

　大変ですねえ．これを示せても，20 を足すのはすぐに分かるわけじゃないし，1 の位が 0 でないときは，また一いちやらないといけないんですもんね．

　だから $(*)$ があれば，表示に関係なく，数として，

$$[a_n a_{n-1} \ldots a_1 a_0] + [b_n b_{n-1} \ldots b_1 b_0] =$$
$$10^n(a_n + b_n) + 10^{n-1}(a_{n-1} + b_{n-1}) + \cdots + 10(a_1 + b_1) + (a_0 + b_0)$$

となって，あとはこれを 10 進表示にすることにすればよい，ということになるんですよね．

　ところで，$(*)$ を示すの，難しいんですか？

Dr.K：難しいというより，面倒くさいんだ．掛け算を使わずに，足し算だけでもある程度のことを示しておかないといけないし，(*)を示す前だと，繰り上がりがいつ起こるかということを細かく場合分けしないといけなくって．たとえば，$0 \leq b+c \leq 9$ のとき，

(2) $$[a_n a_{n-1} \ldots a_1 b]_{10} + c = [a_n a_{n-1} \ldots a_1 (b+c)]_{10}$$

であることも示さないといけない．

でもそれだけなら，(1) を使えば，

$$[a_n a_{n-1} \ldots a_1 b]_{10} + c = ([a_n a_{n-1} \ldots a_1 0]_{10} + b) + c$$
$$= [a_n a_{n-1} \ldots a_1 0]_{10} + (b+c)$$
$$= [a_n a_{n-1} \ldots a_1 (b+c)]_{10}$$

とできる．つまり，繰り上がりがなければ 10 の位（2 桁目）以上は関係がなく，1 の位だけで計算ができるということだ．

さらに，(1) を拡張して，$0 \leq k < n$ のときに，

(3)
$$[a_n a_{n-1} \ldots a_1 a_0]_{10} = [a_n a_{n-1} \ldots a_k \underbrace{00 \ldots 0}_{k}]_{10} + [a_{k-1} \ldots a_1 a_0]_{10}$$

であることが言えると，いいだろうね．

正人：そうですね．それが言えれば，k 桁よりも上を別にして，k 桁目までを先に計算することができることが分かって，あとは桁を 1 つずつ上げるのをどうしたらよいかだけど…次の 3 桁目って，3 桁目だけの足し算と，2 桁までの足し算を別々にやればよいことが分かれば…ワーッ，ほんとに面倒くさいですね．

美音：なんか，上手にまとめることができないんですか？

正人：お姉ちゃん，まとめようたって，まだ大小関係が定義されてないんだよ．あれっ，まだ定義してないですよね，使ってませんか？

Dr.K：ばれちゃあ，仕方がない．じゃあ，定義しておくか．

正人：その前に，$\leq$ って，$\leqq$ とは違うんですか？

Dr.K：細かいところに気がつくねえ．それは同じことを表している記号だ．ただ，少し気分が違う．君が大小関係と言ったものは，数学の言葉ではむしろ順序と言うんだが，順序を定義するときに先に $<$ を定義して，それから $\leqq$ を定義するというときには，$\leqq$ のほうを

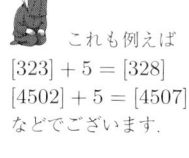

これも例えば
$[323] + 5 = [328]$
$[4502] + 5 = [4507]$
などでございます．

(1) と同じ精神で示すこともできるが，かえって説明に手間がかかるからなあ…

これも例えば
$[3235] = [3200] + [35]$
$[5025] = [5000] + [25]$
などでございます．同じことの繰り返しではないのですが，わたくしも少し，…お仕事，お仕事．

また K の気分が始まった．説明したくなかっただろうに，正人も気がついても言わなきゃいいのに，と言って，気がつくようになったというのはいいことなんだろうからな…

使うが，先に $\leq$ を定義して，それから $<$ を定義するときは $\leq$ を使うという感じかな．そして，順序というのは，普通，$\leq$ が満たす性質で定義することになってるんだ．定義だけしておこう．

集合 X に関係 $\leq$ があって，次の条件を満たすときに，$\leq$ を順序関係と言って，$(X, \leq)$ を**順序集合**と言う．

関係というものの定義を始めるとまた大変だから，ここでは許してもらっておこう．

反射律　：　$s \leq s$ $\hspace{3em}$ $(s \in X)$

反対称律：　$s \leq t, \, t \leq s$ $\quad \Rightarrow \quad$ $s = t$ $\quad (s, t \in X)$

推移律　：　$s \leq t, \, t \leq u$ $\quad \Rightarrow \quad$ $s \leq u$ $\quad (s, t, u \in X)$

順序として必要最低限のことで定義にしてるのよね．

小森：それが順序だって言うなら，まあ，当り前か．

Dr.K：いいかな．N に 0 が入ってる場合なら，$t = s + a$ を満たす $a \in N$ が存在するときに $s \leq t$ だとすれば，順序 $\leq$ が定義される．

ここで，N に 0 が入ってないんだったら，同じ式で $s < t$ のほうが定義されることになる．これも，自然数に 0 が入ってるほうが都合がいいという理由の 1 つだ．

正人：うーん，そうなのかあ．0 が入ってると $\leq$ のほうが定義されて，だからそっちのほうがって...うーん，ややこしい．でも，じっくり考えればすぐに分かる...よねえ，お姉ちゃん．

美音：こっちに振らないでよ．でも，分かった気がします．これで，順序が定義されたんですね．それで，2 桁以上の足し算はどうなりました？まだ，中途半端ですよね．

3 つの条件が証明できるってことはすぐに分かるのよね．頑張るぞ！！！

小森：おっと，$20 + 20 = 40$ だって，まだなんだ！それとも，もう済んでいるのか？

Dr.K：いや，まだだね．やり方は同じだから $30 + 30$ でやっておこう．

$$30 + 30 = 30 + (20 + 10) = (30 + 20) + 10 = (30 + (10 + 10)) + 10$$
$$= ((30 + 10) + 10) + 10 = (40 + 10) + 10 = 50 + 10 = 60$$

となる．けっきょく，$T = S^{10}$ として，T^k の表示を帰納的に示すことになるんだが...これも面倒が多い割に，示せることが少ない．

小森：しかし，俺にはやっぱり，直接 10 の位を足しちゃあいかんのかが分からんな．

コストパフォーマンスが悪いってこと？厳密ってことより，そういうことを気にしてたのかしら？

美音：$(*)$ を示すには，うまい方法はないんですか？

Dr.K：2 桁だけなら，$[20] = 2 \times [10]$, $[30] = 3 \times [10], \ldots, [90] = 9 \times [10]$, $[100] = [10] \times [10]$ が示されているとして，たとえば，

$$[20] + [30] = 2 \times [10] + 3 \times [10] = (2 + 3) \times [10] = 5 \times [10] = [50]$$

というようにやればいい．

美音：それって，10 進表示では，

(4) $\qquad [a_n a_{n-1} \ldots a_1 a_0]_{10} \times [10]_{10} = [a_n a_{n-1} \ldots a_1 a_0 0]_{10}$

というようになって，10 を掛けることが，数字の列を 1 つ左にずらして，1 桁目に 0 を挿入することである，ということですよね．

Dr.K：そうだよ，それが 10 進表示での計算が便利なところだね．ここまでくれば，後は気分的にはほんの少しだ．示す手順を考えてみるか．そうだな，まず，

(5) $\qquad\qquad [1\underbrace{00\ldots0}_{n}]_{10} = ([10]_{10})^n$

を示すんだが，そのために同じ数を掛け続ける「ベキ」というものを定義しておく必要があるが，マー君にはもうできるだろう．$a > 0$ のとき，a^n を定義してごらん．

正人：はい，じゃあ $n = 1$ のとき，$a^1 = a$ とします．そこで a^n が定義されていたとして，$a^{S(n)} = a^n \times a$ とすればいいんですね．

　あれっ，S^a を定義したのとおんなじだ！それに，こう定義したら，(5) は (1) を示したのと同じに示せますよね．

Dr.K：よく気がついたね．じゃ，同じことをやれば，(4) を一般化して

(6) $\qquad [a_n a_{n-1} \ldots a_1 a_0]_{10} \times [10]_{10}^k = [a_n a_{n-1} \ldots a_1 a_0 \underbrace{00\ldots0}_{k}]_{10}$

を示すことも，面倒だが，難しくはないだろう．それからなら，(*) は示せそうかな？

正人：そうですねえ．もしそれができたら，それからならなんとか，(*) 式も示せるような気がします．

Dr.K：じゃ，それは宿題にしてもいいね．

美音：エーッ，そんなあ... はい，いいです．あとで，正人と一緒に

例えば
$[1000] =$
$[10] \times [10] \times [10]$
$= [10]^3$ ですね．

例えば
$[253000] = [253] \times$
$[10]^3$
ですね．フーゥ．

3.4 これが自然数で，計算できるの？

考えてみます．分からなくなったら，お父さんに相談します．いいでしょ，お父さん．

小森：夏休みの宿題と同じようなわけにはいかないが...一緒に考えてみることで許してくれ．

美音：ワアーッ，お父さん素敵！ それはそうと，今のは 10 進法でしたが，これは何進法でも同じですよね．

Dr.K：そうだね．p 進法でも，同じ手順で，

$$(*)_p \quad [a_n a_{n-1} \cdots a_2 a_1 a_0]_p = a_n p^n + a_{n-1} p^{n-1} + \cdots + a_2 p^2 + a_1 p + a_0$$

を示してしまえばいい．

小森：あ，そうなのか．俺はその式が p 進法の定義だと思ってたよ．

正人：あれ，おじいちゃん，p 進法を知ってるの．

小森：いまどきそれを知らなくて経営者はやってられん．何しろ...

正人：コンピュータぐらい知らなくっちゃね．そのコンピュータの内部の言葉が 2 進法なんですもんね．

Dr.K：計算機の内部情報形式は 2 進法というよりも，たとえば k ビット で表される情報は F_2^k の元と見るべきだと思うんだが，...

小森：何だそれは？

Dr.K：位数 2 の有限体 F_2 上の k 次元ベクトル空間の元だと思うってことだけど...

小森：分かった，分かった，もうやめにしよう．そういう話には，とても興味があるが，今日はもうやめよう．また，いつかしてくれ．美音，お母さんに，終わったから食事にしてくださいって，言いに行っておいで．

Dr.K：これはまた乱暴な．

小森：そうでもしないと止めないじゃないか．もう 3 時もだいぶ回った．俺はもう，ばてちゃったよ！ な，正人．

正人：はい，済みませんが，僕ももう...おじいちゃん，僕が言いに行くよ．

美音：私も行くわ，待って．

　二人は，転げるように，駆け出して行った．体力的にも限界だったのかもしれない．老人は二人，椅子に座り直し，ホーッと息をつ

子供たちには勉強だが，俺には頭の体操のようなもんで，けっこう楽しめるかもしれんな．子供たちとの共同作業というのも悪いもんじゃないし...

お父さんの口癖，正人ったら，ちゃかしたりして...

面白そうな話だけど，疲れてしまってとても今日は無理だ．覚えておいて，今度来てもらったときに訊くことにしよう．今度って，あるんだろうな...

いた．しばらくは，何も言わず，遠くのざわめきが，かえって静けさを増すようだった．

　ホワイトボードには，数学的な式や命題が残されている．消そうかとも思ったが，こういうものを背景に食事をするなんて機会はそうあるもんじゃないと小森が言うので，そのままになっている．

　食事の最中に，それが話題になるのだろうか．人によっては飯がまずくなるというところだが...と，Dr.K はとりとめもなく考えていた．そうだ，もしかして使うことになればと独り言を言い，ホワイトボードの前に立ち，自然数の定義の性質の番号 (1),(2),(3) を (S1),(S2),(S3) と書き直し，計算法則の番号を [N1] から [N9] に書き直した．

こんなもので
いいかな.

3.5　自然数って本当にあるの？

　遠くからにぎやかな声が近づいてきて，ドアが開いた．二人の若者が何度か台所との間を往復し，二人の主婦が手際良く食事の支度をしていく．メインは味噌仕立ての鶏鍋らしい．2 つの鍋に八丁味噌を出し汁で溶いたものが注ぎ込まれる．

Dr.K：ほう，味噌鍋ですか．それは珍しい．

小森夫人：K さんも，この都市の出身だから，八丁味噌が苦手ということはないでしょうね．結婚した当初は，私，この味噌が苦手だったんです．でも，今じゃ，この味噌でないと物足りないような気がするようになりました．

　2 日も続けてみんな，とても頑張ってたから，スタミナをつけませんとね．

俊子：私はそこまで慣れてませんが，この味噌の美味しさは分かるようになりました．鶏の肉ですと，普通の鍋よりも，味噌仕立てのほうが味が引き立つようです．あとで入れるお野菜にもしっかり味が染みて...

小森：比内地鶏ならキリタンポ鍋がいいだろうが，三河地鶏には八丁味噌が合うんだ．

正人：最後に入れるきしめんが，とても美味しくって，僕，大好きなんだ．

Dr.K：それは楽しみですね．

小森：お前ん所じゃ，やらんのか？

Dr.K：そうだね，味噌と出汁の加減が難しそうで，家ではやったことがないなあ．

小森：そこは秘伝だ．なあ...

　まず，一杯．喉を湿らせたら，俺からまず質問だ．質問を受け付けると言いながら，実際に計算できるのかっていう正人の質問だけで，それもまだ終わってるとは言えん．

　いいか？　そこのボードに書いてある 3 つの性質で自然数が決まるって言ったが，そこの説明が終わってないぞ．それに，そこでは自然数の集合は N と書いてあるが，計算法則の説明のところでは N と書いてある．単なる行きがかりなのか，それとも意味がある違いなのか？　俺はこれだけにしとこう．

Dr.K：それだけで十分に長くなりそうだ．が，説明しないで済ませることはできなさそうだね．あ，奥さんたちは退屈でしょうが，いいですか？

小森夫人：もちろんですよ．それに，頭が痛くなりそうだったら，台所に用ができますから．ね，俊子さん？

Dr.K：まず，N は自然数全体の集合を表していて，その定義をしてるってことだったね．集合として決まるというだけで，そのままでは数としての計算はできない．つまり基底構造としての集合が定まるだけだ．

　そこに上部構造として四則などの代数構造や順序構造を定めて，初めて自然数と呼ぶにふさわしいものになる．それを備えたものはもはや固有名詞的に扱ってもよいだろうということで，特別な N という記号を使うんだ．

小森：食事の席だからというだけではなさそうな，歯切れのなさが感じられるが，いったい何なんだ．

Dr.K：勘が良くなって困ったもんだ．いや，つまり，まともに答えようとすると，とんでもなく大変になるんでね．

　ま，しかし，ごまかすわけにもいかないか．仕方がないね．

　つまりだ，集合として等しいとはどういうことかということをきちんとやらないといけないわけだ．数学の世界の中だけで，数学の

言葉を使ってやるんならそれほど大変なことでもないけど，今日までやってきたように気分まで納得してもらおうと思うとね...

正人：先生，数学の世界の言葉だけでいいから説明してください．ちゃんと分かるところまではいかないでしょうが，それはまた別の機会ということでいいですから．

Dr.K：集合として確立したということにして，加法や乗法を定義して，計算法則を証明していくということをしたわけだったね．

そこで，一番基になる集合として自然数の集合を定めるということが問題となる．

集合をあまり素朴に取り扱うと逆理が生まれるということもやったね．ま，しかし，集合は分かったものという前提で話を進めよう．

集合が同じということを決めないといけないが，そのためには2つの集合の間の関係というものが考えられなければならない．そういう関係をきちんと述べるための概念として，写像というものがある．一通り説明するが，分からなくても，まあ，分からなくても仕方がないが，講義のレジュメをあげるから，あとでゆっくり見ておいてくれるかな．これだ．

ラッセルの集合の幽霊だったっけ.

私が自然数の公理的定義を持ち込んだときに，写像の定義をしてもらっておけばよかったんだけど，これじゃ一気に大学の講義だわね.

3.6 食事中なのにガンガン数学が始まる

f が集合 X から Y への写像であるとは，集合 X の任意の元 x に対して一意的に Y の元 y が定まっているときに言い，y を x の写像 f による像と言い，$y = f(x)$ と書く．このとき写像 $f : X \longrightarrow Y$ とか $X \overset{f}{\longrightarrow} Y$ と書くことがある．

このとき X を f の定義域，Y を値域，$f(X) = \{f(x)|x \in X\}$ を像と言う．さらに，Y が数の集合であるときは，f を関数と言うことが多い．A が X の部分集合のとき，A の元は X の元だから，$f(A) = \{f(x)|x \in A\}$ という Y の部分集合を考えることができるが，これを A の f による像と言う．またこのとき，写像 $g : A \longrightarrow Y$ を $g(a) = f(a)\,(a \in A)$ として定義することができ，g を写像 f の A への制限と言い，$g = f|_A$ と書く．実質的には写像 f を部分集合 A の上で考えるだけのことだが，写像としては別のものである．

B が Y の部分集合のときに, $f^{-1}(B) = \{x \in X | f(x) \in B\}$ という X の部分集合を B の f による原像または逆像と言う.

写像 $f : X \longrightarrow Y$ が単射であるとは, 「$x \neq y$ ならば $f(x) \neq f(y)$ である」ときに言う. この定義を対偶で言い換えれば, 「$\forall x, y \in X(f(x) = f(y) \implies x = y)$」とも表される.

写像 $f : X \longrightarrow Y$ が全射であるとは, 像が Y 全体になっているときに言う, すなわち $Y = f(X)$ であること, 論理式で書けば「$\forall y \in Y(\exists x \in X(f(x) = y))$」であることである.

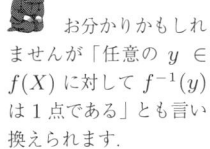
お分かりかもしれませんが「任意の $y \in f(X)$ に対して $f^{-1}(y)$ は 1 点である」とも言い換えられます.

単射でかつ全射である写像を全単射であると言う. 写像 $f : X \longrightarrow Y$ が全単射であれば, 任意の元 $y \in Y$ に対してただ 1 つの元 $x \in X$ が存在して $f(x) = y$ なのであるから, f の逆写像 $f^{-1} : Y \longrightarrow X$ を $f^{-1}(y) = x$ として定義できる. 上の逆像 $f^{-1}(B)$ という言葉は, むしろ B の逆写像 f^{-1} による像という意味が強い. この意味で原像を逆像と厳格に区別する流儀もある.

明らかに, $f : X \longrightarrow Y$ が単射なら, $f : X \longrightarrow f(X)$ は全単射である.

Dr.K: さて, 古い集合論の言葉使いでは, 全単射のことを一対一対応と呼んでいた. また単射のことは中への一対一写像, 全射のことは上への写像, さらに全単射のことを上への一対一写像とも呼んでいた. この用語は文脈によっては単射と全単射との区別がつきにくく, 精密な議論を必要とするようになって, 現在の用語が採用されるようになった.

それはともかく, X と Y が対等, つまり, 集合として同等であるということを, 全単射 $\phi : X \longrightarrow Y$ が存在するときと定義する.

そして集合論というのは, 対等な集合で変わらない性質を調べる学問であると考えるんだ.

だから, 自然数の集合が定まるといっても, 自然数の集合と対等なものは全部同じものと考えるということなんだ.

正人: ああ, だから, 0 が入ってるとしてもしなくても同じだということなんですね.

俊子: 驚いた！マー君, ちゃんと分かってるの？私なんか, 何も分からないわ. すごいわねえ.

正人：だって，もう何日も先生の話を聞いてんだよ．これくらい分かるよねえ，お姉ちゃん．

美音：そりゃあねえ．いえ，私は大学で習ったことがあるから，何となくは分かるけど...正人，本当に分かったの？

正人：だって，分かるように教えてもらってるじゃないか．

小森：いや，正人はすごいな．俺は，頭が固くなってるんだなあ，ついてくのがやっとだ．しかし，孫に負けるわけにはいかん．K，今のは話の枕だよな．で，どうなる？

Dr.K：実は，自然数の集合と対等な集合のことを**可算**集合というんだ．それはもうたくさんの可算集合がある．

小森：で？

Dr.K：だから，集合 N だけじゃなくて (S1), (S2), (S3) を満たす，写像 S と元 1 を合わせた概念として，自然数の集合が定まっているというわけだ．

小森：定まってると言われてもなあ...

Dr.K：そうだね，定まっているという言い方で何を意味しているかということが問題になるね．その話をじっくりやる時間がないので，数学の世界での通例のやり方を話しておこう．

　同種の 3 つ組 $(N', S', 1')$ があって，(S1), (S2), (S3) を満たしているとすれば，全単射 $\phi : N \longrightarrow N'$ があって，$\phi(1) = 1'$ と $S' \circ \phi = \phi \circ S$ を満たすということが成り立つことだと考えるんだ．

小森：何だその小さい丸は？

Dr.K：ああ，これかい．レジメの続きを見てもらおうかな．

　2 つの写像 $f : X \longrightarrow Y$, $g : Y \longrightarrow Z$ **があれば，** f **の像** $f(X) \subset Y$ **の上で** g **が定義されているので，合成写像** $g \circ f : X \longrightarrow Z$ **を** $(g \circ f)(x) = g(f(x))\,(x \in X)$ **として定義することができる．**

小森：なんだ，合成写像のことか．そう言ってくれれば分かったのに．

Dr.K：それは失礼した．では，$S' \circ \phi = \phi \circ S$ というのは，すべての $a \in N$ に対して $S'(\phi(a)) = \phi(S(a))$ が成り立つことだというのはいいかな．

　分かりにくいようなら，図を描いてみるか．こういうのを可換図式と言うんだ．矢印をたどるのが写像の合成にあたるわけで，真中

あらあら，頑張るわねえ．でも，K さんにじゃなく，孫についていくのが精いっぱいみたいね．

あれ，知らないうちに番号だけだったのに S が付いてる．計算の法則のほうにも N が付いてるぞ．

頑張りきれないのね．でも，頑張って．

図？こんなことを絵に描けるのかなあ？

の ⟳ という記号が右廻りでも左廻りでも同じところに行き着くという気分を表している.

$$a \in N \xrightarrow{\quad \phi \quad} N' \ni \phi(a)$$
$$S \downarrow \qquad \circlearrowright \qquad \downarrow S'$$
$$S(a) \in N \xrightarrow{\quad \phi \quad} N' \ni \phi(S(a)) = S'(\phi(a))$$

小森：なるほど．左の世界と右の世界が縦には同じように進むってことなんだな.

　それはいいとして，これを示すのは簡単なのか？

Dr.K：それほど難しいというほどじゃないが，易しくはない．そのためにはまず**デデキントの再帰性定理**を示しておくのがいいだろう．レジメの先のほうにあったはずだが，ああ，これだ.

　（デデキントの再帰性定理）集合 M とその元 $m \in M$，写像 $f : M \longrightarrow M$ が与えられると，$\phi(1) = m$ と $f \circ \phi = \phi \circ S$ を満たす写像 $\phi : N \longrightarrow M$ が一意的に存在する.

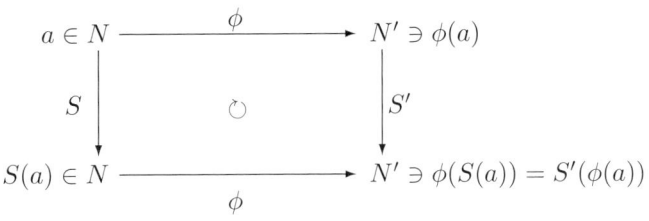

数学の中だけの話になると馬鹿にスラスラといくな．こっちに分からないって，思ってもいないのかな．まあ，これで分かるようになってるなら，くどく説明されるより，そのほうがいいんだが.

数学の中の話は気持ちがそっちに行ってるときは抵抗なく分かるんだけど，なんかで違和感を感じた途端にまったく分からなくなるのよね.

Dr.K：一意性のほうの証明は (S3) を使えばいい．やってみるよ.

　定理の条件を満たす写像がもう1つあったとするね．それを ψ と書いて，$A = \{ n \in N \mid \phi(n) = \psi(n) \}$ とおいて，$A = N$ であることを示せばいい.

　$1 \in A$ は仮定（$\phi(1) = m = \psi(1)$）から明らかで，$n \in A$ と仮定すると，

$$\phi(S(n)) = f(\phi(n)) = f(\psi(n)) = \psi(S(n))$$

となるから，$S(n) \in A$ となり，(S3) から，$A = N$ となるわけだ.

　今度は存在のほうを示すんだけど，それには写像のグラフという

概念を使わないといけないが，それさえちゃんと分かっていれば難しくない．

小森：また，(S3) を使うんだろうな．そのグラフは，関数のグラフと同じようなもんか？

Dr.K：そうだよ．写像 $f : X \to Y$ の**グラフ** G は直積集合 $X \times Y$ の部分集合で，

$$G - \{(x, y) \in X \times Y \mid y = f(x)\}$$

のことを言う．そこでね，直積集合 $N \times M$ の部分集合の族

$$\mathcal{H} = \{H \subset N \times M \mid \quad (1)\ (1, m) \in H,$$
$$(2)\ (a, m) \in H \Rightarrow (S(a), f(m)) \in H\}$$

を考えると，$N \times M \in \mathcal{H}$ だから，集合族 $\mathcal{H}$ は空^(くう)ではないので，

$$G = \bigcap_{H \in \mathcal{H}} H$$

を考えると，$G \in \mathcal{H}$ となる．そしてこれが写像のグラフになるための条件を満たすことを示すと，対応する写像が求めるものになるという筋道で示すことができる．

小森：うーん，(S3) を使えと言われても，どう使ったらいいか分からんなあ．

Dr.K：もちろん，(S1) も (S2) も使うんだが，慣れないと納得はしにくかろうなあ．

正人：先生，慣れだけの問題なんですか？じゃ，頑張って慣れるようにします．この証明はパスでいいですから，ϕ の一意性というほうの証明はしていただけるんでしょうね．

Dr.K：それはもう簡単だ．再帰性定理を，$N', 1', S'$ に適用すると，写像 $\phi : N \longrightarrow N'$ で，$\phi(1) = 1'$ と $S' \circ \phi = \phi \circ S$ を満たすものが一意的に存在する．問題はこの ϕ が全単射になるかどうかということだけだ．

そのために，N と N' の役割を取りかえると，像 $\psi : N' \longrightarrow N$ で，$\psi(1') = 1$ と $S \circ \psi = \psi \circ S'$ を満たすものが一意的に存在する．そこで，それらを合成すると $\psi \circ \phi : N \to N$ は，$\psi \circ \phi(1) = 1$ と

条件は，すべての $a \in N$ に対して $(a, m) \in G$ となる m がただ一つ存在するということなんだが，それがグラフになるための条件だということの説明をするのも面倒だから，省略させてもらおう．

みな，呆気^(あっけ)にとられております．よくまあ，食事をしながらこんな話ができるもんだ，と誰もが思っていて，正人だけが前かがみ，他の人は皆体重が後ろにかかった姿勢．よろしいですね，みなさん．

$S \circ (\psi \circ \phi) = (\psi \circ \phi) \circ S$ を満たす. 当然 N 上の恒等写像 id_N もこの性質を満たすので, 再帰性定理の一意性から, $\psi \circ \phi = id_N$ が言える. そこでまた, 合成の順を変えると, $\phi \circ \psi = id_{N'}$ が言えるので, この 2 つの式から, ϕ が全単射であることがわかる.

正人：感じは分かった気がしますが, 恒等写像って何ですか？

Dr.K：ああ, 定義してなかったっけ？ 最も基本的な写像で, 全単射になってる. すべての集合 X に対して, X の恒等写像 (identity map)$id_X : X \to X$ を $id_X(x) = x \, (x \in X)$ と定義するんだ. 一番当り前な写像だが, それがまた, 一番重要だという例になってる.

これが簡単だというわけか！

　全単射であれば逆写像があるけれど, 逆写像自体を与えないで全単射であることを示すのは, かえって難しいことがある.

小森：K, 何かを丁寧に説明してくれてるんだろうが, さっぱり分からんよ. だが, 正人は言葉は分からんながら, 雰囲気はつかんでるようだし, 美音はどうやら言葉は知ってるようだから, あとで, ゆっくり 3 人で復習することにするよ.

　ただ, どうしても訊いておかないといけないことがある,

Dr.K：さすがだなあ, ちゃんと押さえるところは押さえてるじゃないか.

小森：何を言おうとしてるのか, 分かるのか？

Dr.K：そりゃ, もちろん. 自然数の集合の一意性は示したが, 存在については触れていない, ということだろ.

小森：そうだ, どうして分かる？ プロだからか？

Dr.K：まあ, そうだが, 僕自身, 話しながら, 存在の話をどうしようか, ずっと考えてたからだよ.

小森：それを気にしながら, 話してたのか. そうなのか. で, それはどうなんだ.

Dr.K：実はね, 困ったことに, 存在は証明できないんだ.

小森：エーッ, それはわれわれに数学的知識が足らないせいなのか？

Dr.K：そんなことはないよ. 実はね, この意味での自然数の集合の存在は**無限集合の存在**と同値な仮定なんだ.

小森：どういうことなんだ. 無限集合の存在って, そんなこと…無限集合がないっていうのか？

Dr.K：もちろん, われわれは無限集合があるという前提で数学を

やってるんだが、無限集合があるということを、どんな根拠に基づいて示すことができるだろうかね。

小森：そんな根拠といっても...そうか、5つのリンゴの集合であれだけ込み入った話になったのに、無限集合なら、もっと大変そうだな。

Dr.K：大変といって、...そうね、大変というだけならいいんだが、実は、無限集合の存在というのは示せるようなものじゃないってことなんだ。

小森：そんな、いまさら...

正人：おじいちゃん、そういうことじゃないよ。多分、無限集合があるというのを公理のようなものだと考えるってことですよね。

　でも、無限集合って何だったんだろう？ 有限集合よりも大きな集合ってことですか？ どうもそれではいけないような...

Dr.K：話が長くなるのであっさり言うと、無限集合というのは自分自身と全単射があるような**真部分集合**を持つ集合のことと定義するんだ。

正人：真部分集合って、何ですか？

Dr.K：ああ、その集合全体とは異なる、本当に一部であるような部分集合のことだよ。

　だから、自然数の集合は、あれば無限集合になる。S が単射だから、N と $S(N)$ の間には全単射があり、$1 \notin S(N)$ だから、$S(N)$ は真部分集合だ。

正人：なるほどな、有限集合だったら、絶対に起こらないことですもんね。

Dr.K：ああ、それでね、無限集合でない集合を**有限集合**というんだ。

小森：ほっ、数学者以外は相手にしないという態度に見えるな。

Dr.K：そんなつもりはないよ。このほうが理論構成が単純なんだ。普通の感覚と合わせようとすれば、多少の説明はしないといけないだろうが。

正人：エッと、無限集合があれば、自然数の集合はあるんですね。

Dr.K：そうだよ。じゃあ、M が無限集合だったとするね。定義によって、単射 $f: M \to M$ で、$f(M) \neq M$ となるものがある。だから、$f(M)$ に属さない元があるので、何でもいいから選んで 1 と呼ぶ。そこで、$\mathcal{I} = \{A \subset M \mid 1 \in A \text{ かつ } f(A) \subset A\}$ という部分集合

正人一人だけしっかりついていってるわね。私なんかしっかり取り残されたわ。でも、食事中だし、あとでゆっくり正人に教えてもらうことにしよう。ちょっと癪だわねえ...

族を考えると，$M \in \mathcal{I}$ だから，この集合族は空でない．したがって $N = \bigcap_{A \in \mathcal{I}} A$ とおいて，$S = f|_N$ とおけば，(S1), (S2), (S3) を満たすことがわかる．

正人：(S1) と (S2) はいいですけど，(S3) は？

Dr.K：ああ，N の最小性に訴えるんだ．

正人：最小って...，$\mathcal{I}$ の中に最小のものがあることは...ああ，$N \in \mathcal{I}$ を示せばいいわけですね．

Dr.K：そうだね，集合の演算に慣れてればすぐに分かること...ああ，失礼，マー君が馬鹿にすっと分かってくれるんで...

小森：いいよ，いいよ．どうやら，正人との間では了解がついたみたいだな．今日のところはそれでいいよ．

　しかし何だな．無限というのは自然数の全体を内に含んでいるということなわけだ．1, 2, 3, ... と数えていって，終わることのないことが無限ということだって，そういうことを数学の言葉で言うとこうなるということなのか．もやもやと分かっていることというか，ぼんやりとしか分かってないことをはっきりとした言葉にするのが，数学ということなのか．ともかく言い切る．言い切ることによって，それに対する是非も，初めて論じられるようになる．そういうことなんだと思ったよ．

正人：集合として同じというのが，全単射があることだとすると，確かに，集合の元の個性を超越したところに数学があるということですね．

Dr.K：そこまで言うとまた数学に対する誤解が生まれそうだ．

　集合の元の個性を超越しないと，集合の元の数を数えることには意味がない，という言い方くらいにしたほうが穏当だ．

1, 2, 3, ...と数えて行って，終わることがないというものがあるということは，仮定する以外には，どんな人にでも納得させられる説明があるのかって，言ってるのでしょうね...うーん！

3.7　今回はこれで終わり

相変わらず，俺には厳しいヤツだなあ．あ，ヤツだと言うと怒られる．クワバラクワバラ．

小森：そうだなあ，なんか本当にたくさんのことを教えてもらったが，前よりも知らないことがたくさん増えたという気がするな．

小森夫人：あなた，知らないことが増えたんじゃなくて，知らないことに気づけるようになったことが増えたということじゃないのかしらね．

Dr.K：そうですね，何かを知れば知るほど，知ったその先に分からないことが立ち塞がる．その切端を突き進むことも大切だし，人類が手に入れたことをきちんと使いこなすこともまた大切だと思いますね．

美音：これまでたくさんのことを学んだんですが，既に知っているはずで，まだ言葉にしてもらってないことってあるでしょうね．

正人：あ，そうだ．5つのリンゴの集合の，リンゴの個数が5だということがどういうことかがまだだ．ウーン，もう分かってることになってるのかな？

Dr.K：それもまだか，じゃ，あっさりとね．

　自然数の集合は無限集合だから，全体と全単射な真部分集合があるわけだけど，そうならない部分集合もあるわけだ．そういうものが有限集合の典型になる．

　$N_n = \{a \in N \mid 1 \leq a \leq n\}$ はそういう有限集合の典型で，n 切片と言う．0 から始める流儀では $N_n = \{a \in N \mid 0 \leq a < n\}$ とするが，どちらにしても n 切片と全単射になるような集合は濃度が n であると言う．元の個数が n という言い方もするが，どちらかといえば一般向けだね．集合 A の濃度が n のとき，$\#A = n$ と書く．$\#(A)$ とか $|A|$ とか書くこともある．

小森：何でそういろいろ書き方があるんだ．紛らわしくないか？

Dr.K：紛らわしいね．名前のほうでも，濃度のことを，英語では，cardinal, cardinality, cardinal number, potency などと言う．重要な概念なので，理論が整備される前に，いろいろな呼び方が提案され，それなりに定着してしまうからかな．有限だって分かってれば集合の大きさ (size) という言い方もすることがある．この辺りは，中身が分かっていれば呼び方なんかにはこだわらないのも数学の特徴といっていいかな．

小森：あんな言葉に厳密な取り扱いを要求しておいて，なんか数学者どもは勝手だなあ．

正人：そうじゃないと思う．厳密にしないといけないのは言葉の意味のほうで，だから言葉自体はどうでもよくって，単なる，エーッと…

Dr.K：そうだね，単なる符牒だからね．

あっさりじゃないと，どういうことになっちゃうんだろう．

あれ，1 から始めるんなら，不等号は ≦ にするんじゃなかったのかな．こっちの記号のほうが慣れてるってことなんだろうか．

正人：ああ，そういう言い方するんですか．それで，どうなるんですか？

Dr.K：何が？ああ，だから，5切片 N_5 との間に全単射があるとき，濃度が 5，または元の個数が 5 であるというわけだ．

正人：それはつまり，リンゴを一つひとつ，1,2,3,4,5 と指さしたことに当たるわけですね．

Dr.K：その名指し方の違いが，全単射写像の取り方の任意性というわけだね．

美音：そのときですねえ，違う切片と全単射になるなんてことはないんですよね．

Dr.K：もちろんさ．それを数学的に言うとどういうことになるかな？

正人：「n と m が違えば，n 切片と m 切片は全単射にならない」というのでどうですか．

Dr.K：それでいいよ．証明はできそうかな？

正人：証明ですよね．そりゃできないと困りますよね．どうやったらいいのかなあ…方針が立たないなあ…

Dr.K：ハハハ，方針ねえ．「n 切片 N_n は，どんな $m < n$ に対しても N_m とは全単射になれない」ことを n に関する帰納法で示すということにすると分かりやすいかな．

正人：えーと，済みません，それは宿題にしてください．それより，ねえ，また来てくださいよね．

小森：そうだな，何か美味い食材が手に入ったら，招待しようかな．そうしたら，来てくれるか，K？

Dr.K：それは，もう喜んで．僕は，美味い食い物にはすぐ釣られるんでね．

小森：そうか，そうか．そういえば，昔もそんな風に宴会をしては知的な会話を楽しむというようなことがあったらしいな．学生の頃，そういう話を読んでさ，俺も成功したら，そんなふうに暮らしたいもんだと思ったことがあるよ．でも，現実にはそんなこともできなくて，つまらない生き方をしてきたような…

小森夫人：これからときどき K さんをお招きして，そういう会をなさったらいいじゃないですか．私たちじゃ，会話のレベルが低くて

あらあら，美音ちゃん，口を挟むところを一生懸命探してみたいな必死さね．でも，正人がこんなに頼もしく見えるなんて，嬉しいわねえ．

当り前なことを証明するのは，方針を立てるのが難しいが，これなら前にやったようにすればできそうだな．ウンウン，正人が泣きついてきても何とかなりそうだぞ…

お退屈でしょうし，ねえ，俊子さん？

俊子：私も大歓迎ですわ．正人がこんなに生き生きと勉強のことを話せるなんて，私，嬉しくて！

美音：お姉さんがそんな親馬鹿ぶりを見せるなんて，驚いた！ そんなこと言ってないで，私たちも一緒に楽しませてもらえばいいじゃない．

小森：そうだな，今日の最後みたいな難しい話はみんなが楽しむわけにはいかないだろうが，楽しめる話もたくさんあったしな．

Dr.K：人類の歴史も長いので，そういう文化的で知的な集まりというものが盛んに行われて，それによって新しい文化が生まれるということもあった．たとえば，ブルボン王朝末期などは文化サロンが盛んで，そこで啓蒙思想が花開いて，時を経て文明が大衆化されていって，革命につながっていくというようなことがあった．ニュートン力学はむしろそのようにして，大陸の文化の中に沁み込んでいったんだ．

　そういえば，数学的帰納法が，自然数の理論で大活躍する話をしたよね．

美音：そうですね．何でも数学的帰納法ですもんね．これがないと，無限に関わることは何もできないのじゃない，というくらいの感じがしました．

Dr.K：そうだね，古代ギリシャには，いろんなことの起源があるが，議論し合うということの技術も楽しさもそういうことの中にある．

　エウブリデスのパラドクスというのがあってね．アリストテレスの論理学が現代の科学的推論の基礎になってるんだが，当時もまたそのあとを引き継いだローマでも，アリストテレス流のじゃなく，弁論術的な議論の進め方のほうが主流だったんだ．議論して相手を言い負かす技術と言ったらいいかな．そして相手を煙に巻くにはパラドクスがいい．

　エウブリデスのパラドクスで一番有名なものは「私が今言っていることは嘘だ，とある男が言った」というものだ．

小森：それ，「クレタ人は嘘つきだ，と言った人がクレタ人だった」というのに似てるな．どっちが先だ？

Dr.K：それを言ったクレタ人というのは，エピメニデスというこ

メガラのエウブリデス（紀元前 4 世紀の人）．メガラのエウクレイデスの弟子で，哲学者で論理学者．アリストテレスと同時代人で，アリストテレスの述語論理と異なるタイプの論理学を展開．7 つの有名なパラドクスがある．

クノッソスのエピメニデスは紀元前 6 世紀の詩人で預言者．ギリシャ 7 賢人の一人に数えられる．

とになっているが，エピメニデス自身がこういう言い方をしたわけではないだろうから，どうなんだろうな．このパラドクスは**自己言及のパラドクス**または**嘘つきのパラドクス**の典型として有名なものだが，エウブリデスには帰納法に関係したパラドクスもある．

　　砂山のパラドクスというのは「1粒の砂は砂山とは言えない．砂山とは言えないほどの砂の集まりに1粒の砂を加えても砂山とは言えない．だから，帰納法を使えば，いつまでたっても砂山とは言えないことになる」というものだ．

　　これを反対にしたものもある．**はげ頭のパラドクス**というのは「髪がふさふさあれば，はげとは言えない．はげとは言えないほどある髪の毛から，1本抜けてもはげとは言えない．だから，帰納法が正しければ，1本も髪の毛がなくてもはげとは言えないことになる」というものだね．

小森夫人：それ，面白いんでしょうね．私には，馬鹿馬鹿しいようにしか思えませんが．

Dr.K：そうですね，それが健全な精神の対応というものでしょう．

　　古代ローマの12月にサトゥールヌス神を祭るサトゥルナーリアという祭りがあってね．晩餐のあとの余興としてパラドクスの話をするのが流行のようになったことがあるらしい．そういう風潮を苦々しく思ったセネカ が「知らなくても困ることはないし，知っていてもいいことはない」と言い捨てている．

小森：それはそれは，俺たちもセネカに馬鹿にされんようにせんといかんな．

　　ところで，そのパラドクスだが，...

Dr.K：頑張るね．美音ちゃんやマー君はどう思う？

美音：どこから砂山と言うかとか，いつからはげって言うかとかを決めたらどうかしら．

正人：1000000粒あったら砂山で，それより少なかったらそうじゃないってするのかい．

美音：それは変ねえ．じゃあ，どうしたらいいのかしら．それとも，帰納法が使えないってことなんでしょうか？

Dr.K：数学的帰納法が使えるのは自然数の集合に対してだけだから，使えなくてもいいということ？

ギリシャ語起源のソリテス・パラドクスという言い方もされる．

ルキウス・アンナエウス・セネカ（紀元前3頃–紀元後65）．ローマの政治家，哲学者，詩人．皇帝ネロの家庭教師だが，のち反逆に関与したとして自殺を命じられる．Epitulae morales ad Lucilium『ルキリウス宛て道徳書簡』など多くの書簡，随筆，戯曲などが残っており，後のヨーロッパに大きな影響を残した．

Nec ignoranti nocent nec scientem iuvant.　セネカ書簡集45,8．議論の内容というより，それに対する態度が問題だったのではないだろうか．

セネカにだけじゃなくて，おばあちゃんにもだね．

ウーン，そう言えなくもないけどね．マー君はどうかな？

正人：それは，定義の問題じゃないですか？ お姉ちゃんが言うように，何粒からなら砂山だと言えるならいいですが，そういうことはできないですよね．つまり砂山という概念は数学的検証に耐えないということなんじゃないかなあ．

小森：そうか，科学は再現性ということから言っても，...シー，というか，そうだよ，名前の問題だ．砂山というのは数学で扱えるほどちゃんとした概念じゃないってことだ．

正人：だから，そう言ってるんだけどなあ．

小森：最初の日から，Kはくどいほど名前について問題にしてきた．そうなんだ，だから，定義が大切なんだ．

小森夫人：どうやら，何だかは分からないけど，それなりにみんな，納得したようですね．

美音：ア，私は質問してないわ．

　昨日も言ったんですけど，エジプトの数学の話が聞きたかったなあ．面白そうな話がいっぱいありそう．でも今日はもう無理ね．

Dr.K：そうだね，しかし，今度というものがあれば，そのときにね．ああ，そういえば，古代エジプトの掛け算は2進法の原理と同じなんだ．そういう話もできるといいかな．

　じゃ，日も暮れてきたし，この辺でお開きにして，帰らせてもらおうかな．明日もあるし．

小森夫人：Kさん，やっぱりそうされます？ これに懲りずに，また来てやってくださいね．今度は，どんな料理がいいかしらね．

Dr.K：いや本当にどうも，...この味噌だれにいい味が出て，きしめんとからんだのもいいけど，ご飯に掛けたら，これがまた堪らないですね．

小森：何だ，こっちはこの間の君が教えてくれた話をしているのに，そっちは飯の話しか．

Dr.K：君たちには，数学は何か遠いところにあるように思えるのかもしれないけれど，僕らにとっては，特に数学というものをしているという意識はあまりないんだ．

　数学をするのはほとんど息をしてるようなもので，生き方みたいな感じかな．自分じゃ分からないが，何をしてても数学をしている

入学試験なんかだと，1点の違いで合否が変わる．点は数で表すが，合否というのは数学の対象ではないということなのか？ ウーン，やっぱり，使い方なんだろうかなあ．

お姉ちゃん，必死だな．駆け込み願いってやつだな．

ような考え方になってしまうみたいなんだ.

　生きることを楽しむことが数学をすることでもあり，だから，食事するのも同じように楽しい.

小森：なるほど，セネカに馬鹿にされんぞと，肩肘張ることもないが，議論を遊びのように思うのもいけないということか.

　どうやら，食い物で釣れるのは K だけのことで，他の数学者には使えん技ということか.

Dr.K：人それぞれに，弱いところがある. 僕の場合は，やっぱり食い物かな.

小森：やっぱりな.

　気持ちの良い笑い声が上がって，この宴は終わった. 何かができ上がったというような達成感はないが，それぞれの心の中に温かいものが残ったようである.

　一期一会，またこういう機会があるかどうか，今はまだ分からない.

「数学することは生きること」だってこと？ 何だかカッコいいわね...良すぎない？

エピローグ

　これは本書の物語としてのエピローグではない．ここまで読んでいただいた読者と著者との間だけの話，いわば一般開放された数学の研究所のティータイムの雑談のようなものである．

　お読みいただき，どうだったでしょうか，というのが著者の側からの第一声である．「はじめに」に掲げたようなものになっていたかどうかを振り返りながら，楽屋話を交えた言い訳のようなことをしてみることにしよう．

　一般に，本の読み方は人それぞれであるし，本書もまたさまざまな読み方がされてよい．しかし，本書は普通に見かけるだろう数学の解説書や啓蒙書のような書き方はされていない．そういう書物にはあからさまに書かれなくとも，当然にどう読まれるだろうかということについて，著者と読者の間に暗黙の申し合わせがあるものである．読み方が指定されているといってよい．本書でももちろん，前から順に読んでもらうのが一番分かりやすいと思う．そうなるように，章建てを工夫して書いたつもりである．気楽に寝転がりながら，またいろんなことを妄想しながら，気になるところでは紙に自分なりのメモを書いたりして，勉強じゃないのだから，つまり，テストされるわけじゃないのだから，別に分かっても分からなくてもいいが，分かれば少し嬉しいかな，というくらいの気持ちで読んでもらえるように書いたつもりである．

　著者としてはそう書いたつもりである．自分で読み返してみると，これが実に面白い．気楽で面白い．落語みたいな話だなあ，名人の高座とまではいかなくても，こなれた前座の芸くらいのものにはなっているなあ，くらいに思っていた．もちろん，今でも自分ではそう思っている．

　しかしどうも，それが世間には通用しないようである．落語でも，長屋の大家やご隠居が八つぁん相手に垂れる無駄な講釈を笑って鑑賞できるのは，ご隠居が言うことくらいは先刻ご承知であるという，相互の了解があってのことである．ある程度の江戸時代などの背景が分かっていない観客には通じない話も少なくない．背景の分かる客ばかりでないとなれば，落語家もちゃんと枕を振る．

著者としては，高校までちゃんと数学の授業について行けていたような読者なら，十分に笑って許してもらえるように書いた．実は，本書の原稿はもう何年も前にできていた．自分では面白いのに，なぜか評判が悪い．高校時代からの友人に読ませてみたら，最初のうちは分かるし面白いんだけど，後ろのほうが難しすぎる．それに，この子供が賢すぎるよ，と言われる．

本書は笑いながらでも丹念に順に読んでいってもらえば，それほど飛躍しているようにも，理解困難なようにも書いてはいない．書いていないつもりである．なのになぜ，そのような非難を受けるのだろうか，それをずっと考えていた．

最近になってようやくあることに気がついた．最初のうちは面白いと思って読んでくれていた友人たちは，面白いと思って読んではくれても，そこに真剣に考えるべきこと，じっくり考えないと分からないことがあるとは思わなかったようだ．もちろん，そういう読み方をしてもいいのだけれど，そういう読み方をすると自分の中で何かが積み上がっていかない．本書に登場する子供はそれほど利口なように設定はしていない．しかし，一歩一歩だが，そこを積み上げていくという設定にしてある．着実な努力をするカメに，気楽に寝転んでいるウサギが追い越されるのである．だから，子供が賢すぎるという感想が出るのかもしれない．

少し弁解をさせていただく．何の専門家でも同じだろうが，われわれ数学者は大学の学生時代に，修行とでもいうべき厳しい訓練を受ける．その初期段階には，日本語であれ，英語やフランス語やドイツ語や，まあ何語であれ，テキストや論文を読むことになる．そういうとき，その内容を理解して人前で解説するのだが，これが苦行なのである．自分でしっかり分かって話さなければ，聞いている人に伝わらない．分かっているつもりで話しても，論文や書籍には当然紙数の制約があるので書かなくても分かるだろうということは省略されているので，（常に）議論にはギャップがある．ゼミで話す前にギャップは埋めておかねばならない．分かったつもりで話していて，質問されて初めてギャップに気づくことも少なくない．そのときとっさにギャップが埋められるだけの準備をしておくべきなのだが，気づいてなければ準備もできない．まれに，そういう時にも，とっさにギャップを埋めてしまえるようなゼミ仲間もいる．そこでふるい落とされるか，次こそはと頑張って生き残るか，そういう二者択一が繰り返される．

さらに，質問されるのが単なる論理のギャップではなく，問題となっている事実の意味や価値の話になったとき，一段高いステップに立って議論できないといけない．このための準備もしておかねばならない．立ち往生が一番いけない．それを何度か繰り返せば，数学者の世界で生きてはいけなくなると覚悟しなければ

ならない.

そういう訓練を受けてきた. だから, テキストのすべての文章の意味, なぜそれが書かれているか, そして, 書かれていない暗黙の了解事項はあるのか, そういうことを考えるのが普通のことになっている. もちろん, 何に対してもそんなことはできないし, しているわけでもないが, 何か問題があるなと, センサーが感知すれば, 自動的にそういうモードに入るのである.

そういうことを世間の人がやってはいないことも知っているし, それをしなくても日常生活には何の支障もないことも分かっている. 分かっているが, ことが数学に関わるとそういうモードの第1レベルにはなる. 数学について語り合うとなれば, レベルはさらに上がっていく. その認識が欠けていたらしい. 本書を書いている間, 著者は実に楽しかったのだ. 読んだ人が, それほど楽しんでくれないのを知ると, 当惑してしまう. 面白くないのかな? 問うてみれば面白いと言ってくれる. 著者が自然に入ってしまうモードに, 普通の人は入っていない. だからなのか, と気づいたわけである.

困った. 一歩一歩でいいから積み上げてくれなければ, 先へは進めない. といって, 本当にあらゆることを書き込んだのでは大部な本になって, 今度は誰も手に取ってくれないことになる. $1+1=2$ を理解するくらいのことにこんなに分厚い本を読まないといけないのか, という感想を持つのは至極まっとうなことである.

繰り返しになるが, 本書だって, 順に読むように書かれている. 少なくとも著者は順に読んでもらうときに最大の効果が上がるように書いたつもりである.

それでも, 主題の $1+1=2$ の謎というものだけに興味があって, しかもその数学的説明だけに興味があるなら, 謎解きの3日目のペアノの公理の辺りからだけ読めばいいようになっている. そこにはペアノの公理の集合論的言い換えがあって, それから自然数のあらゆる性質を導く手続きが具体的な例と一緒に説明してある. $1+1=2$ という式が出てくる前に, 何を1と呼び, 2と呼ぶかが書かれ, + という演算を定義した瞬間に $1+1=2$ は既に謎でも何でもなくなってしまっている.

しかしそれはあくまでも「数学」という世界の中での話である. 数学の中では1が何か, 2が何か, + とは何か, = とは何かということは, 議論の余地もなく定まっている. 数学にだけ関心のある読者はそこだけ読めば納得してくれるだろうし, こんなことだったかとがっかりするかもしれない. また人によってはさらに進んだ数学理論を学ぼうとしてくれるかもしれない. そうであるなら, それはそれで本書は1つの役割を果たしたと言ってもよいだろう.

しかし読者の多くは，残念ながら，それほど数学に親しみを感じていないだろうし，数学を信頼してくれてもいないだろう．数学では当り前だから問題はないと言っても，嘘だとは思わないかもしれないが，納得してはくれないだろうし，数学に対する不信感すら持つようになるかもしれない．

上で「残念ながら」と書いたが，この「残念ながら」はいわばお約束であって，実は本当に残念であるというわけではない．なぜなら，本書はむしろそういう読者，つまりそうであろう多くの日本人に向けて書かれているのである．ごく少数の例外を除いて，日本人は学校で何年も「数学」という教科を学んでいる．なぜそれほども数学を学ぶことが日本人の標準になっているのかを説明することはできるし，説明したほうがよいのかもしれないが，本書ではそういうことはしない．

ただ，そんなにも長く数学を学んで，数学が好きでないのはもったいないだろうと思う．役に立たないものだとは思っていないとは思うが，役に立つことを知らないのなら役に立たないものだと思われても仕方がない．役に立たないものを何年も学んだというのでは時間の無駄，能力の浪費というものである．

数学は役に立つのである．ただ，役に立つところを「実見」するにはかなり以上の数学の知識と識見が必要になる．だから，多くの人は数学が役に立たないものとは思わないまでも，自分の生活には無関係であると思っているのではないだろうか．また直接的に読者の生活に役に立っているように見えなくても，実は長い期間「数学」を学んだことは役に立っているのである．いわば無意識に役に立っているのだが，もしかすると役に立っていることを意識するともっと役に立つかも知れない．本書をじっくり読み終わった頃には，それが意識できるようになっているかもしれない．

本書の読者として想定しているのは，かなりの程度の数学の学習はしたが，数学の効用などは実感したことはなく，それでも数学をもう少し勉強したら役に立ったのではないだろうかという思いを多少なりとも持っている，多くの健全なる精神の持ち主である．

さて，そういう人にとっての 1 は数学の世界での 1 ではなく，2 も + も = も数学の世界のそれではない．しかし 1 + 1 = 2 自体は多分疑ったことはないだろう．疑ったことはなくとも，いつでも 1 + 1 = 2 が成り立つわけではないと思ったことはあるだろう．だが，数学は「いつでも，どこでも」成り立つ真理だったのではないか？ 学校で学んだ数学は実生活では役に立たないのか．そう言いたくなるだろう．

「数学は常に正しい」ということは間違っていない．それは「数学の世界の命

題は常に仮言命題である」からである．つまり，「これこれが成り立てば，これこれが成り立つ」という形をしている．だから，1 と 2 と ＋ と ＝ が数学の世界で定義されたものならば，$1 + 1 = 2$ は常に正しいのである．$1 + 1 = 2$ が成り立つわけではないと言ったなら，そのときの 1 と 2 と $+1$ と ＝ のどれか一つが，もしかするとそのすべてが数学の世界のものに対応していないのである．

では，「$1 + 1 = 2$ が数学の世界でしか成り立たないのであれば，現実世界では使い物にならないのか」と言えば，そんなことはない．大いに役に立つのである．数学の世界で成り立つことが現実の世界でも「成り立つ」からこそ，数学は役に立つのである．

1 の数学での定義を知らないのであれば，あなたの 1 は数学の 1 ではない．ではあなたの 1 は何なのだろうか？

1 という数学の概念が成立するためには，実はとても長い歴史がある．何種類もの 1 の源概念がある．原概念と言ったほうがいいかもしれない．あなたの 1 はそれらの原概念のいくつかを継承したものと，小学校以来（幼稚園や保育園かもしれないし，それ以前の家庭学習かもしれないが）の教育の中で教えられたり，そこでの何らかの共通理解によって培われてきたものが混ざったものである．人によっては，数学の 1 そのものであることもあるだろうし，かなり近いものも，まあかなり遠いものもあるだろう．いろいろな状態の 1 があるのだろうと思う．

$1 + 1 = 2$ に謎があるとして，それを解こうというのなら，それなりに多くの人が納得できるようなものとして 1 を提示しないといけない．そのようなものとしての 1 は今となっては数学の 1 しかあり得ないのだ．それには異論のある人も多くいる可能性がある．数学を目的地としては指定しないでおいて，広く受け入れられる 1 とは何かを，いろんな立場から議論していき，自然に数学の 1 に行き着いてしまう．

そういう物語を書きたかったのである．そういう物語の例として著者が最初に思いつくのは，ガリレオ・ガリレイの『天文対話』である．そこでは，伝統的学問に通じた人と新しい学問を作り出そうとする人と，健全な精神を持つ新しい時代を担う常識人との三人が交わす会話によって，伝統的学問の問題点と新しい学問が必要な理由が示されていく．

$1 + 1 = 2$ が問題だとすればいったい何が問題なのか．本書の中ではその問題をめぐって，世間知を知りつくしたような老人と，瑞々しい感性と理解力を備えた若者と，数十年を数学の世界に生きてきた老人とが語り合うのである．何日もの語らいを経て数学の入り口にたどりつく，それが本書の筋書きである．だから，

一日が終っても，数学が大切だ，などいう話にはならない．2日目が終ってもまだ霧の中である．派生的な謎がいくつか解明されながら，謎が謎を呼び，拡大し，拡散していく．

個人的な人の営みが広がりを持つ，空間的にも時間的にも．そのとき，人々の思いは収束することもあれば発散することもあるだろう．収束したものだけが，その共同体の認識として伝えられ，文化となる．

そういう文化が形成されていく過程が最初の2日で語られる．最後の3日目は，そういう自然の熟成を俟つのにくたびれて，数学をほんの少し導入することで，すべてにとりあえずの決着を付けるという構成になっている．これ以上膨らむと爆発して収拾がつかなくなるところまで膨らんで，謎が一気に解かれて平明な世界が来る．そういうように感じてもらえれば，戯曲としては成功だろう．

理科系の学問といえど，人の営みである以上，文化である．文化を正しく次の世代に伝えていくことは老人の責務である．そのために，今老人こそ正しく文化を学ばねばならない．学んだ上で，それを孫の世代に伝える努力をする．そのお手伝いをしようというのが，この「孫と一緒にサイエンス」というシリーズの理念である．

1冊の書物には適正な分量というものがあるらしい．これ以上長いと読者が疲れるだろうという長さだろうか．だから，3日目の決着の付け方は少し早足になっている．急ぎすぎで，もっと丁寧に書けという感想を持つような読者は，著者にとって最高レベルの読者だと言える．そういう方が多ければ，この話の続編を書く機会が著者に与えられることになる．出版社への圧力としてというのではなく，この本を書いたことに対して天から降る嘉言であるということである．大いに奮起して頑張る気持ちになれるというものである．

さてもう一度，$1+1=2$ の話に戻ろう．数学の世界での話ならば一瞬で終わる話だが，日常で納得するためには数学の世界に行って戻ってという，議論が必要になるので，本書の長さになってしまった，と書いた．もちろん，それはその通りである．しかし，数学の世界といっても，またさまざまなのである．

本書の中でも登場したバートランド・ラッセルは，19世紀末から20世紀初めの数学の基礎の反省の時代に集合論におけるラッセルのパラドクスを見つけてしまい，それを克服するための努力をした．その成果がアルフレッド・ホワイトヘッドとの共著である，『プリンキピア・マテマティカ（数学原理)』である．明示された公理群と推論規則とだけから数学的真理のすべてを得るための試みである．集

合論の基礎的部分と実数論はカバーされている．その第 2 版は 3 巻に分かれており，各巻は本文だけでそれぞれ，**674** ページ，**742** ページ，**491** ページもある．もちろん文章は英語だが，その記述はほとんどが論理式の羅列であって，専門家以外には理解することは難しい．また，算術の和が定義されているのは第 2 巻の中頃になってからであり，当然，$1 + 1 = 2$ の証明はそのあとであり，1 はあるものの，2 という数字は出て来もしない．

だから，普通の数学者にとって，$1 + 1 = 2$ の証明は，集合論の基礎的部分を前提とすれば一瞬で分かることだが，集合論の基礎を吟味しないといけないとなれば，手を出すこともためらわれるようなものなのである．

数学の基礎ともいうべき数理論理学は，その後，完全性や無矛盾性などの諸問題に大きな成果を挙げてはいるものの，一般の数学者に十分な安心感を与えてくれてはいない．そこに人類の知恵の殆さを思うこともできるが，今は，数学が与えてくれる基盤の上に人類の英知を築いていくしかないのかもしれない．

人名索引

アインシュタイン (Albert Einstein) ⋯⋯⋯⋯⋯⋯⋯⋯ 156

アクィナス，トマス (Thomas Aquinas) ⋯⋯⋯⋯⋯⋯ 145

アリストテレス (Aristotle, $A\rho\iota\sigma\tau\sigma\tau\epsilon\lambda\eta\zeta$) ⋯⋯⋯⋯⋯ iv,60,204

アルキメデス (Archimedes of Syracuse, $A\rho\chi\iota\mu\eta\delta\eta\varsigma$) ⋯⋯⋯ 154

エーコ，ウンベルト (Umberto Eco) ⋯⋯⋯⋯⋯⋯⋯ v, 145

エウブリデス (Eubulides, $E\upsilon\beta\sigma\upsilon\lambda\iota\delta\eta\varsigma$) ⋯⋯⋯⋯⋯ 204

エピメニデス (Epimenides, $E\pi\iota\mu\epsilon\nu\iota\delta\eta\varsigma$) ⋯⋯⋯⋯⋯ 204

ガウス (Johann Carl Friedrich Gauß) ⋯⋯⋯⋯⋯⋯ 63

鴨長明 (kamo no choumei) ⋯⋯⋯⋯⋯⋯⋯⋯⋯⋯ 41

ガリレオ・ガリレイ (Galileo Galilei) ⋯⋯⋯⋯⋯⋯ 213

カントール (Georg Cantor) ⋯⋯⋯⋯⋯⋯⋯⋯⋯⋯ 34

クロネッカー (Leopold Kronecker) ⋯⋯⋯⋯⋯⋯ 43,162

シェークスピア (William Shakespeare) ⋯⋯⋯⋯⋯ 81

朱世傑 (Zhu Shijie) ⋯⋯⋯⋯⋯⋯⋯⋯⋯⋯⋯⋯ 138

シュレーディンガー (Erwin Schrödinger) ⋯⋯⋯⋯ 10

ジュリエット (Juliet Capulet) ⋯⋯⋯⋯⋯⋯⋯⋯ 81

ジョゼフィーヌ・ド・ボアルネ (Josèphine de Beauharnais) ⋯⋯ 87

セネカ (Lucius Annaeus Seneca) ⋯⋯⋯⋯⋯⋯⋯ 205

ソクラテス (Socrates, $\Sigma\omega\kappa\rho\alpha\tau\eta\varsigma$) ⋯⋯⋯⋯⋯⋯⋯ 99

程大位 (Cheng Dawei, Da Wei Cheng) ⋯⋯⋯⋯⋯ 133

デカルト (René DesCartes) ⋯⋯⋯⋯⋯⋯⋯⋯⋯ 35

デデキント (Julius Wilhelm Dedekind) ⋯⋯⋯⋯⋯ 43,197

寺田寅彦 (Torahiko Terada) ⋯⋯⋯⋯⋯⋯⋯⋯⋯ 77

J.J.トムソン (Sir Joseph John Thomson) ⋯⋯⋯⋯ 156

ナポレオン・ボナパルト (Napoléon Bonaparte) ⋯⋯⋯ 87

ハイゼンベルク (Werner Karl Heisenberg) ·················· 156

パルメニデス (Parmenides, Παρμενιδης) ···················· 168

ピュタゴラス (Pythagoras, Πυθαγορας) ···················· 141

フィボナッチ (Fibonacci, Leonardo Pisano) ················ 141

フビライ・ハーン (Khubilai khaan) ························· 138

プラトン (Plato, Πλατων) ······························· 35,41

プランク (Max Karl Ernst Ludwig Planck) ················ 156

プロメテウス (Prometheus, Προμηθευς) ···················· 159

ペアノ (Giuseppe Peano) ································· 103

ヘーゲル (Georg Wilhelm Friedrich Hegel) ················ 168

ヘラクレイトス (Heraclitus of Ephesus, Ηρακλειτος) ·········· 41

ボエティウス (Anicius Manlius Severinus Boethius) ········ 141

ポーロ，マルコ (Marco Polo) ····························· 138

ホワイトヘッド (Alfred North Whitehead) ············· 35, 214

ユークリッド (Euclid, Ευκλειδης) ························ 43,91

吉田光由 (Mitsuyosi Yoshida) ··························· 133

ラッセル (Bertand Russel) ·························· 43,194,214

ラマヌジャン (Srinivasa Aiyangar Ramanujan) ·············· 63

李治 (Li Zhi, Li Ye) ···································· 138

ルドゥーテ (Pierre-Joseph Redoute) ······················ 87

ロマン・ローラン (Romain Rolland) ······················ 70

ロミオ (Romeo Montague) ······························· 81

事項索引

阿修羅 (asura) ··········· 123

位数 (order) ············· 191

一対一対応 (one to one correspondence) ············· 195

殷 (Yin) ················· 132

インカ帝国 (Incaic Empire) 129

因果律 (law of cause and effect) ····················· 10

嘘つきのパラドクス (liar's paradox) ··················· 205

易 (divination) ··········· 132

『益古演段』(Yi gu yan duan, old mathematics in expanded sections) ·················· 138

エントロピー (entropy) ···· 154

外延 (extension) ··········· 56

外延的定義 (extensional definition) ···················· 56

開平 (extraction of square root) ····················· 134

開立 (extraction of cubic root) ····················· 134

可換図式 (commutative diagram) ···················· 196

仮言命題 (hypothetical proposition) ················ 213

可算集合 (countable set) ··196

加法 (addition) ·········· 176

カルクリ (calculi) ········ 140

関係 (relation) ··········· 189

関数 (function) ·········· 194

漢数字 (chinese numeral) ··126

『幾何学原論』(Elements, Στοιχεια) ············· 43, 91

記号論 (Semiotics) ········ 145

帰納法 (induction) ········ 171

キープ (quipu, talking knots) ····················· 129

逆写像 (inverse map) ······ 195

逆像 (inverse image) ······ 195

空集合 (empty set) ········· 59

楔形文字 (cuneiform script) 127

グラフ (graph) ··········· 197

クレタ人 (Cretan) ········ 204

計算機 (computer, computing machine) ················ 191

啓蒙思想 (Enlightenment) ·204

結合法則 (associative law) ·177

元 (element)（集合の）····· 48

元 (Yuan) ················ 139

原像 (preimage) ·········· 195

交換法則 (commutative law) 177

高階述語論理 (higher-order logic)
.... 70
後継者関数 (successor function)
.... 163,183
合成写像 (composition map)
.... 196
恒等写像 (identity map) ... 199
公理 (axiom) 36
五進法 (quinary system) ... 129
国際数学者会議 (International
Congress of Mathematicians)
.... 43
再帰性定理 (recursion theorem)
.... 197
サトゥールヌス神 (saturnus)
.... 205
サトゥルナーリア (Saturnalia)
.... 205
サラミスのタブレット (Salamis
Tablet) 140
『算学啓蒙』(Suanixue Qimeng)
.... 139
算木 (counting rod) 132
産婆術 (method of maieutics)
.... 99
『算盤の書』(Liber Abaci) 142
『算法統宗』(Suanfa tong zong)
.... 133
『四元玉鑑』(Siyuan Yujian) 138
自然数 (natural number) 56,101
四則演算 (four operations of
arithmetic) 142

質量保存法則 (law of conserva-
tion of mass) 154
ジャグリング (juggling) ... 110
写像 (map, mapping) 194
集合の幽霊 (ghost of sets)
.... 45,101
集合論 (set theory) · 34,101,195
周 (Zhou) 132
周易 (Zhouyi) 132
述語論理 (predicate logic) · 104
十進法 (decimal system)
.... 142,133
シュレーディンガーの猫
(Schrödinger's cat) 10, 19
順序 (order) 188
順序集合 (ordered set) 189
順序数 (ordinal number)
.... 102,166
象形文字 (hieroglyph) 132,
上部構造 (superstructure) · 193
乗法 (multiplication) 176
『塵劫記』(jinkouki) 133
真部分集合 (proper subset)
.... 200
推移律 (transitive law) 189
数学基礎論 (foundations of math-
ematics) 46
数学辞典 (dictionary of Mathe-
matics) 103
数学的帰納法 (mathematical in-
duction) 104,109
数学入門辞典 105

スカラー場 (scalar field) ‥‥77
砂山のパラドクス (paradox of the heap) ‥‥‥‥‥‥‥205
積分 (integral) ‥‥‥‥‥154
切片 (segment) ‥‥‥‥‥202
前漢 (earlier Han) ‥‥‥‥139
全射 (surjection) ‥‥‥‥195
全単射 (bijection) ‥‥‥‥195
尖筆 (stylus) ‥‥‥‥‥‥127
宋 (Sung, Song) ‥‥‥‥139
像 (image) ‥‥‥‥‥‥194
相関 (correlation) ‥‥‥‥148
双数 (dual) ‥‥‥‥‥‥171
相対性理論 (theory of relativity) ‥‥‥‥‥‥‥‥156
『測円海鏡』(Ce yuan hai jing, Sea mirror of circle measurements) ‥‥‥‥‥‥‥138
素朴集合論 (naive set theory) ‥‥‥‥‥‥‥101
ソリテス・パラドクス (sorites paradox) ‥‥‥‥‥‥205
対偶 (contrapositive) ‥‥‥165
代数構造 (algebraic structure) ‥‥‥‥‥‥‥176
対等 (equipotent) ‥‥‥‥195
第二次ポエニ戦役 (Second Punic War, Secundum Bellum Punicum) ‥‥‥‥‥‥‥154
多値論理 (many-valued logic) 70
単位元 (unit) ‥‥‥‥‥176
単射 (injection) ‥‥‥165,195

短縮法則 (cancellation law) 176
単数 (singular) ‥‥‥‥‥171
値域 (range) ‥‥‥‥‥194
抽象化 (abstraction) ‥‥‥19
直積集合 (direct product set) ‥‥‥‥‥‥‥198
定義域 (domain of definition) ‥‥‥‥‥‥‥194
電子 (electron) ‥‥‥‥156
『天文対話』(Dialogo sopra i due massimi sistemi del mondo) ‥‥‥‥‥‥‥213
『東方見聞録』(Il Milione) 139
トップダウン (top-down) ‥165
内包 (intension) ‥‥‥‥56
内包的定義 (intensional definition) ‥‥‥‥‥‥‥56
2元算法 (binary operation) 177
2重帰納法 (double induction) ‥‥‥‥‥‥‥179
二進法 (binary system) ‥‥191
日本数学会 (Mathematical Society of Japan) ‥‥‥‥‥103
ニューマス (NewMath) ‥‥34
二律背反 (antinomy) ‥‥‥70
濃度 (cardinal number, cardinality) ‥‥‥‥‥166, 202
場 (field) ‥‥‥‥‥‥48
倍数 (multiple) ‥‥‥‥56
はげ頭のパラドクス (bald man paradox) ‥‥‥‥‥‥205
『バラ図譜』(Les Roses) ‥‥87

事項索引 221

パラドクス (paradox) ······45

『薔薇の名前』(Il Nome della Rosa) ··················145

半群 (semigroup) ········176

反射律 (reflexive law) ·····189

反対称律 (antisymmetric law) ·····················189

パンタ・レイ (Παντα ρει) ··41

非圧縮性流体 (incompressible fluid) ··················154

ビット (bit) ············191

不確定性原理 (uncertainty principle) ··················156

複数 (plural) ···········171

部分集合 (subset) ·········50

部分集合族 (family of subsets) ·····················201

『プリンキピア・マテマティカ』(Principia Mathematica) ··214

浮力 (buoyancy) ·········154

分配法則 (distributive law) 177

ペアノ算術 (Peano arithmetic) ·····················104

ペアノの公理 (Peano's axioms) ···············103,108,162

平方根 (square root) ·····135

ベキ (power) ···········190

ベキ集合 (power set) ·······58

ベクトル (vector) ·····46,155

ベクトル空間 (vector space) ·····················191

ベン図 (Venn Diagram) ····50

弁論術 (rhetoric) ·······91,204

ボイル=シャルルの法則 (Boyle's law, Charles' law) ········153

包含関係 (inclusion) ········74

『方丈記』(hojoki) ·········41

保存量 (conserved quantity) ·····················155

ボトムアップ (bottom-up) ·165

ボローニャ大学 (Università di Bologna) ··············145

マセマティックス (mathematics) ·····················40

マヤ語 (Mayan) ··········127

マンタノー (μανθάνω) ·····40

溝そろばん (Roman abacus) ·····················140

明 (Ming) ··············139

無限集合 (infinite set) ·····199

命題 (proposition) ········60

メスシリンダー (messcylinder, measuring cylinder) ·······153

メソポタミア (Mesopotamia) ·················127,140

モダンローズ (modern rose) 87

モデル (model) ··········155

モノイド (monoid) ·······176

約数 (divisor) ············56

有限集合 (finite set) ·······200

有限体 (finite field) ········191

ユニコード (unicode) ······128

要素 (element)（集合の）‥‥48

吉田山 (Mt. Yoshida) ‥‥‥81

ラッセルのパラドクス (Russel's paradox) ‥‥‥‥‥‥43,66

離散量 (discrete quantity) ‥10

立方根 (cubic root) ‥‥‥‥135

量子 (quantum) ‥‥‥‥‥156

量子力学 (quantum mechanics) ‥‥‥‥‥‥‥‥‥‥‥10

連続量 (continuous quantity) 10

六十進法 (sexagesimal system) ‥‥‥‥‥‥‥‥‥‥127

ローマ数字 (Roman numeral) ‥‥‥‥‥‥‥‥‥‥140

ローマ帝国 (Roman Empire, Imperium Romanum) ‥‥‥141

論理学 (logic) ‥‥‥‥‥91,204

論理式 (formula) ‥‥‥‥‥104

論理式 (logical expression) 195

著者

蟹江 幸博
1948年2月生まれ
1976年3月京都大学大学院理学研究科博士課程数学専攻修了
三重大学名誉教授

主な訳書：ハイラー，ヴァンナー『解析教程　上下』，シャファレヴィッチ『代数学とはなにか』，アイグナー，ツィーグラー『天書の証明』，ワイル『古典群』，I. ジェイムズ『数学者別伝 I,II,III』，ランダウ『数の体系』，オスターマン，ヴァンナー『幾何教程 上下』（以上，丸善出版），グーテンマッヘル，ヴァシーリエフ『直線と曲線』，ナーイン『確率で読み解く日常の不思議』（以上，共立出版），D. フックス，S. タバチニコフ『本格数学練習帳 I,II,III』（岩波書店），H. ヴァルサー『黄金分割』，シャファレヴィッチ『代数入門』（以上，日本評論社）

主な著書：『微積分演義　上下』（日本評論社），『文明開化の数学と物理』（岩波書店），『数学の作法』（近代科学社）

辞書編集：『SPED TERRA（プロフェッショナル英和辞典　スペッド・テラ）』（小学館），『数学用語 英和辞典』（近代科学社）

ウェブサイト：kanielabo.org

孫と一緒にサイエンス
数って不思議！！…∞
1＋1＝2？で始まる数学の世界
© 2018 Yukihiro Kanie
Printed in Japan

2018 年 10 月 31 日　初版 1 刷発行

著 者	蟹 江 幸 博
発行者	井 芹 昌 信
発行所	株式会社 近代科学社

〒 162-0843　東京都新宿区市谷田町 2-7-15
電 話 03-3260-6161　振 替 00160-5-7625
http://www.kindaikagaku.co.jp

藤原印刷

ISBN978-4-7649-0582-5
定価はカバーに表示してあります.

数学の作法

蟹江 幸博 著

A5 判・272 頁・定価 2,500 円＋税

いまさら聞けない算数・数学のモヤモヤについてお答えします！

　数学やその周りにある、今さら聞くことができない数々の疑問やモヤモヤに回答：小学校時代の算数のモヤモヤ。中学で数学を学び始めての疑問。高校数学や大学入試に向けての疑問・質問。大学に入りその専門の中での疑問・質問。これらモヤモヤ・疑問・質問に対して、著者の経験豊富な数学者・教育者生活から、回答とその解説を行い、またそれをどのように考えればよいかを「作法」として説く。

　ウィットに富んだ文章で、納得しながら読み進められる異色の数学書。付録に数学の勉強法・大学入学後のTipsも掲載し、具体的な学び方も指南。高校生、大学・高専生、教諭、数学教員、数学に興味ある読者にオススメ。